高等职业教育教学改革系列精品教材

U0192589

嵌入式技术应用项目式教程
（STM32 版）

魏丽君　殷理杰　主　编

陈新喜　章若冰　李小霞　龚江涛　副主编

姚和芳　主　审

电子工业出版社

Publishing House of Electronics Industry

北京 · BEIJING

内 容 简 介

本书基于 ST 公司的 STM32 芯片进行讲解，包括 8 个项目、20 个任务，分别介绍了 LED 控制设计与实现——点亮一个 LED 灯、篮球赛计分器设计与实现、数字时钟设计与实现、简易电压表设计与实现、Modbus-RTU 通信协议设计与实现、直流电机调速设计与实现、旋转线阵 LED 时钟设计与实现、简易示波器设计与实现，涵盖了 STM32 嵌入式系统的基本知识和嵌入式应用开发的基本内容。

本书可作为高等院校和高职院校嵌入式、物联网、应用电子和电子信息技术等专业嵌入式课程的教材，也可作为职业院校技能大赛和全国大学生电子设计竞赛的培训用书，同时也可供智能电子产品制作爱好者自学使用。

图书在版编目（CIP）数据

嵌入式技术应用项目式教程：STM32 版 / 魏丽君，殷理杰主编. —北京：电子工业出版社，2021.9
ISBN 978-7-121-41915-7

Ⅰ. ①嵌⋯　Ⅱ. ①魏⋯ ②殷⋯　Ⅲ. ①微处理器－系统设计－高等学校－教材　Ⅳ. ①TP332

中国版本图书馆 CIP 数据核字（2021）第 177745 号

责任编辑：王艳萍
印　　刷：北京雁林吉兆印刷有限公司
装　　订：北京雁林吉兆印刷有限公司
出版发行：电子工业出版社
　　　　　北京市海淀区万寿路 173 信箱　邮编　100036
开　　本：787×1 092　1/16　印张：11　字数：281.6 千字
版　　次：2021 年 9 月第 1 版
印　　次：2024 年 12 月第 9 次印刷
定　　价：39.00 元

凡所购买电子工业出版社图书有缺损问题，请向购买书店调换。若书店售缺，请与本社发行部联系，联系及邮购电话：（010）88254888，88258888。

质量投诉请发邮件至 zlts@phei.com.cn，盗版侵权举报请发邮件至 dbqq@phei.com.cn。

本书咨询联系方式：（010）88254574，wangyp@phei.com.cn。

前　　言

本书基于 ST 公司的 STM32 芯片进行讲解，包括 8 个项目、20 个任务，分别介绍了 LED 控制设计与实现——点亮一个 LED 灯、篮球赛计分器设计与实现、数字时钟设计与实现、简易电压表设计与实现、Modbus-RTU 通信协议设计与实现、直流电机调速设计与实现、旋转线阵 LED 时钟设计与实现、简易示波器设计与实现，涵盖了 STM32 嵌入式系统的基本知识和嵌入式应用开发的基本内容。

本书采用"任务驱动、做中学"的编写思路，每个任务均将相关知识和职业岗位技能融合在一起。本书在编写过程中重点结合当前高职院校 STM32 嵌入式课程的开设情况和学生技能培养情况，注重将重要知识点和技能点通过做出"实物"的形式，在项目完成过程中进行强化训练，并且理论知识采用"必需、够用"的原则，穿插在项目过程中讲解。此外，本书在开发过程中，结合了编者在带领学生参加全国职业院校技能大赛和湖南省职业院校技能大赛中积累的经验，将嵌入式技术应用开发赛项和电子产品设计及制作赛项的真题，以项目的形式编入了教材，将竞赛思维训练融合到赛题的逐步分析和各部分功能的实现中，探讨可能遇到的问题，并对其进行详细的阐述和分解实现，对参加竞赛学生的培养和训练很有借鉴意义。

为了方便学生学习，本书在每个项目中均设计了"学习巩固与考核"环节，针对每个项目中的重要知识点和技能点，设置了较为灵活的训练题，并且在书中留有笔记区域，学生在学习过程中可直接记录解题过程，方便后续的学习。

为了提高学生的团结协作和合作开发能力，教师可采用小组的方式进行项目教学，并在每个项目的最后设计了"小组评价"和"教师评价"，可将每个学生的学习情况记录在册，同时方便教师对学生进行学习评价考核。

本书中原理图均采用国产 EDA 软件绘制，为了便于读者学习和使用实际的 EDA 软件，对电路图中不符合国家标准的图形、单位、符号等未做改动。

本书的附录部分包含本书用到的开发板的原理图和其他开发环境的开发步骤介绍，方便有不同需求的学习者进行参考学习。本书中所有项目的源代码均通过调试测试，编者开发了在线开放课程，有丰富的配套 PPT 和视频资源，可在线学习。

本书由湖南铁道职业技术学院魏丽君、殷理杰主编，湖南铁道职业技术学院陈新喜、章若冰、李小霞、龚江涛为副主编。魏丽君和殷理杰均为全国职业院校技能大赛优秀指导教师，陈新喜教授是全国职业院校技能大赛金牌指导教师，章若冰老师曾指导学生获得全国大学生电子设计竞赛一等奖，编写团队在课程开发和指导学生竞赛中积累了丰富的经验。魏丽君主要负责全书的架构编排与统筹，并编写了项目 1、项目 2；殷理杰编写了项目 3、项目 4 和附录部分；陈新喜编写了项目 5；章若冰编写了项目 6；李小霞编写了项目 7；龚江涛编写了项目 8。本书由湖南铁道职业技术学院党委书记姚和芳教授主审，张文初高级实验师、熊异副教授均给予了很多很好的意见和建议，在此一并表示感谢。

本书配有电子教学课件，请有需要的读者登录华信教育资源网（www.hxedu.com.cn）注册后免费下载。如需要本书中项目的源代码，请和作者直接联系（QQ：398741983）。

由于编者水平有限，本书在编写过程中难免有所疏漏。另外，编程的思路和方法有很多种，在开发过程中不可能一一列举，欢迎大家给我们提出更好的意见和建议。在使用本书的过程中如果有问题可以与我们取得联系，联系邮箱：398741983@qq.com。

编　者

目　　录

项目 1　LED 控制设计与实现——
点亮一个 LED 灯

项目介绍		
项目描述		本项目为入门项目，主要内容为初识 STM32F103VET6，学习搭建 STM32 开发环境并掌握其使用方法，利用提供的样例工程代码，实现点亮一个 LED 灯的任务。在此基础上，掌握 STM32 驱动发光二极管的方法，实现点亮开发板上的任意一个发光二极管，掌握 STM32 中的延时函数，并实现一个 LED 灯以固定的某一频率进行闪烁，实现某一频率的流水灯效果。 　　本项目分为 4 个任务： 　　任务 1-1：安装 Keil MDK 　　任务 1-2：使用已有工程点亮 LED 灯 　　任务 1-3：实现一个 LED 灯闪烁 　　任务 1-4：实现流水灯
学习目标	知识目标	1. 学会识读器件手册，了解 STM32F103VET6 的基本性能； 2. 了解 STM32 常用集成开发环境； 3. 了解 STM32F103 开发固件库； 4. 了解 STM32 的项目开发流程
	能力目标	1. 能搭建 Keil MDK+ST-LINK 的开发环境； 2. 会使用工程模板； 3. 会用 ST-LINK 烧录固件； 4. 会分析 STM32 驱动一个 LED 灯的典型电路； 5. 会编写实现一个 LED 灯闪烁的程序； 6. 会编写实现流水灯的函数
	素养目标	1. 了解 STM32 的编程规范； 2. 学会团结协作，同学之间互相查缺补漏； 3. 学会查找最新器件的相关资料
项目准备		1. 学习开发套件 1 套； 2. 配套教材 1 本； 3. 计算机 1 台

1.1 STM32 概述

1.1.1 什么是 STM32

STM32 是意法半导体（STMicroelectronics，ST）公司从 2007 年开始陆续推出的一系列基于 ARM Cortex-M 构架的 32 位低成本、高性能的微控制器（microcontroller）。STM32F103 属于 STM32 系列中的代表产品，其内核为 ARM Cortex-M3。

除 STM32F1 系列产品之外，ST 公司还推出了低功耗的 STM32L1、STM32L5 等系列产品，面向无线市场的 STM32WB 等系列产品。与 STM32F1 相似的主流系列产品还包括 STM32F3、STM32G4 等，高性能的 STM32F4、STM32F7 等。STM32 系列产品如图 1-1 所示。

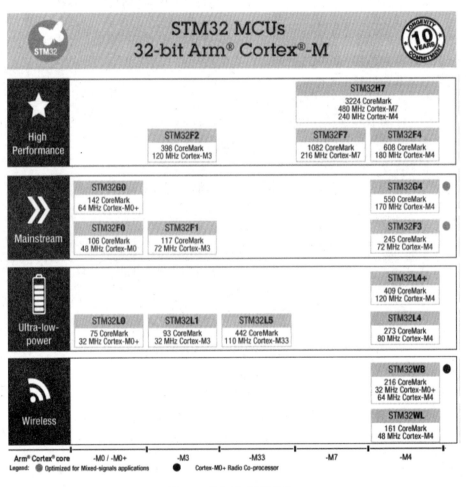

图 1-1　STM32 系列产品

1.1.2 什么是 STM32F103VET6

STM32F1 系列产品包括 STM32F100、STM32F101、STM32F102、STM32F103、STM32F105/107 等多个型号，不同的型号拥有不同的应用场景。例如，STM32F107 片上集成

了 Ethernet MAC，因此用来做需要支持以太网的设备非常合适。根据不同的封装、Flash/RAM 大小，STM32F103 可以分成 29 个型号，如图 1-2 所示。

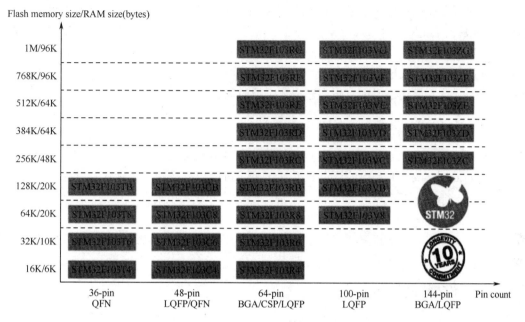

图 1-2　STM32F103 系列型号

1.1.3　STM32F103VET6 的性能

　　STM32F103VET6 拥有最高 72MHz 主频、512KB Flash、64KB RAM、LQFP100 封装，除此以外，拥有 80 个 GPIO、8 个定时器、3 组 SPI、2 组 I^{2}C、5 组 UART、1 组 USB、1 组 CAN、3 个 12 位 ADC 共计 16 通道、2 通道 12 位 DAC。

1.2　STM32 开发环境介绍

　　STM32 开发环境是指一套用于进行 STM32 开发的软件与硬件，其中，软件一般是指集成开发环境（IDE）；硬件一般是指硬件仿真器，但也有将开发环境中的硬件指定为用于加速产品开发的开发板的。

　　能够用于 STM32 的集成开发环境非常多，ARM 公司推出的 Keil MDK、ST 公司推出的 STM32CubeIDE 都属于常用的集成开发环境。

1.2.1　STM32 的集成开发环境

1. Keil MDK

　　该集成开发环境最大的好处是简单易用，人机交互清晰，是从 MCS-51 迁移到 STM32 的开发人员的首选。Keil MDK 属于商业软件，在进行商业项目开发时，需选用正版授权软件。

2. STM32CubeIDE

该集成开发环境是由 ST 公司在著名开源项目 Eclipse 的基础上进行定制开发的，其编译器使用的是开源编译器 gcc-arm-none-eabi，该编译器由著名开源组织 GNU 维护。STM32CubeIDE 最大的优点是免费，而且拥有官方支持，配合 STM32CubeMX 使用能够大大提升开发效率。但是 Eclipse 本身比较臃肿，开发环境对硬件要求较高，又因为推出时间不长，目前使用的开发人员还不太多，生态建成还需要时间。

3. Visual Studio Code

Visual Studio Code（VSCode）是微软公司推出的开源编辑器，使用时同样需要搭配开源编译器 gcc-arm-none-eabi。结合这两种开源工具，可以自行搭建一个现在非常流行的 IDE。VSCode 比 Eclipse 更轻量化，响应速度更快。但是该开发环境需要自己搭建，要求具备一定的基础，因此该 IDE 不适合初学者使用。

除以上 IDE 以外，还有非常著名的 IAR，IAR 同样以简单易用著称，在 STM32 集成开发环境中也占据了一定的位置。

1.2.2 STM32 的硬件仿真器

仿真器一般是指用于烧录二进制（十六进制）文件到微控制器，同时又可以进行在线仿真调试的调试器（Debugger）。用于 STM32 的仿真器主要有两种，一种是 J-Link，另一种是 ST-LINK。

J-Link 是 SEGGER 公司为支持仿真 ARM 内核芯片推出的 JTAG 仿真器，支持 IAR、Keil 等多种 IDE，并且几乎能支持所有基于 ARM7/ARM9/ARM11、Cortex-M0/M1/M3/M4、Cortex-A5/A8/A9 内核的微控制器/微处理器。

ST-LINK 是 ST 公司针对 STM32 系列、STM8 系列微控制器推出的一种仿真器，其优点在于价格便宜，响应速度快。在对 ST 公司的微控制器进行开发时，ST-LINK 是非常不错的选择。

本书所选用的开发环境为 Keil5 MDK+ST-LINK。

1.3 STM32 开发固件库

编写程序对微控制器进行控制的本质是修改微控制器 SFR（特殊功能寄存器）的值，不同的 SFR 代表不同的意义，当其值不同时，就会产生不同的效果。例如，需要将 STM32 的 I/O（输入/输出）口 PA0 设置为高电平，就需要将 GPIOA 的 ODR 寄存器的第 0 位设置为高电平。查询数据手册可以确定，GPIOA 的 ODR 寄存器的地址为 0X4001080C，因此只需要修改该地址中的值，即可修改 GPIOA 的输出状态（此处忽略时钟配置、GPIO 工作模式等初始化操作）。

对于功能简单、SFR 数量少的微控制器，如 MCS-51 系列，通过查询数据手册可知，直接操作 SFR 是一种非常合适的方法。但是 STM32 功能强大，片上集成的资源非常丰富，SFR 数量多，如采取与 MCS-51 一样直接操作寄存器的方式进行编程，会出现大多数时间都花在查阅数据手册上的情况，开发效率低。

为解决这种问题，ST 公司最早提出了固件库这一解决方案。ST 公司推出了一个由众多函数组成的集合，也就是俗称的"固件库"。固件库中的函数为开发人员提供了操作微控制器 SFR 的接口，使开发人员不再需要查询数据手册中对 SFR 功能的描述，而只需要调用封装好的函数即可。使用函数的优点在于可以将设置的功能通过函数名、参数名来明确，而不需要通过查询数据手册确定如何设置 SFR。这样一来，STM32 SFR 数量多的问题就被很好地解决了。

固件库这一解决方案一经推出后，其他厂商纷纷效仿，针对 STM32 开发了多种固件库。其中官方的固件库主要有标准外设固件库（Standard Peripherals Firmware Library）、硬件抽象层库（Hardware Abstraction Library，HAL）及最新推出的 LL 库，第三方使用 C++ 封装的 libstm32pp 等。

1.3.1　标准外设固件库

标准外设固件库是推出时间最早、生态最为完整的库，但 ST 公司在其更新到 3.5 版本后停止了更新（因此也将其称为"3.5 库"）。该固件库结构简单，未干预开发者的设计思路，因此，该库仍有大量开发人员在使用。3.5 库也是初学者的首选。

1.3.2　HAL 库和 LL 库

HAL 库和 LL 库是伴随着 STM32CubeMX 共同出现的。为进一步加快微控制器的开发速度，ST 公司在标准外设固件库的基础上进一步推出了可以图形化完成微控制器配置的工具——STM32CubeMX。使用该工具，操作鼠标即可完成配置，自动生成基于 HAL 库或 LL 库的代码。但是，HAL 库不再是一个纯粹的 SFR 操作接口，还增加了一些程序设计框架，而这些框架将在一定程度上影响开发人员。有经验的开发人员，经过一段时间的熟悉与使用，利用其自动生成代码的功能确实可以在一定程度上提高开发效率。

1.3.3　第三方固件库

由于官方固件库都是基于 C 语言开发的，不具备面向对象的特点。在 GitHub 等平台上出现了基于 C++ 的固件库，libstm32pp 就是其中一种。但是，第三方库的使用者相对官方库要少得多，在团队中使用时，增加了团队其他成员的负担。同时，相关资源也比较少，不利于解决在学习过程中遇到的问题。

在初学阶段，为了将注意力集中到微控制器开发本身，本书将基于标准外设固件库进行讲解，对片上资源熟悉以后，读者可以过渡到 HAL 库、LL 库。

1.4　点亮一个 LED 灯

安装 Keil

任务 1-1　安装 Keil MDK

Step1.双击打开 Keil MDK 的安装文件，出现如图 1-3 所示对话框，单击"Next"按钮。

Step2.进入如图 1-4 所示对话框后，勾选"I agree to all the terms of the preceding License Agreement"复选框，然后单击"Next"按钮。

图 1-3　开始安装 Keil MDK

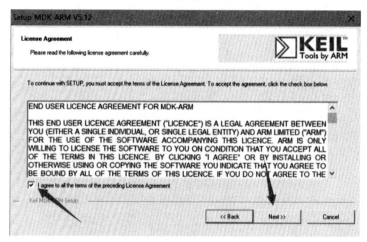

图 1-4　同意许可协议

Step3.进入如图 1-5 所示对话框后，单击两个"Browse"按钮选择安装位置，然后单击"Next"按钮。

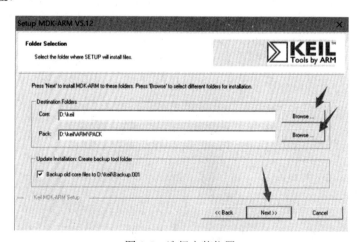

图 1-5　选择安装位置

Step4.进入如图1-6所示对话框后，填写相关名字及邮箱，然后单击"Next"按钮。

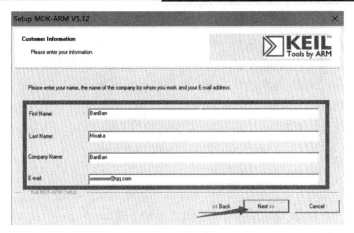

图 1-6　填写相关名字及邮箱

Step5.进入如图 1-7 所示对话框后，等待安装完成。

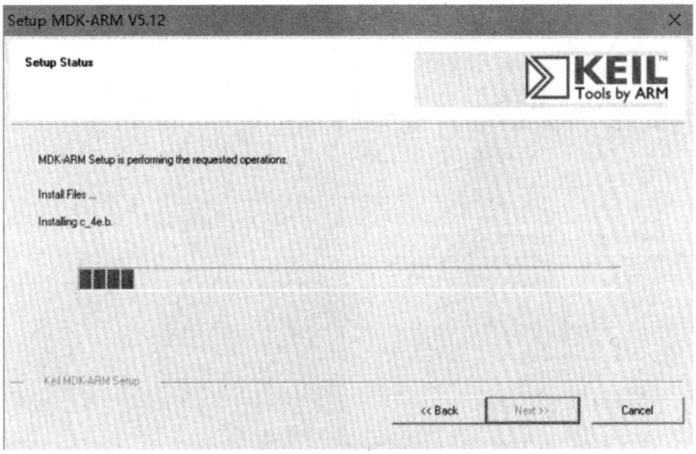

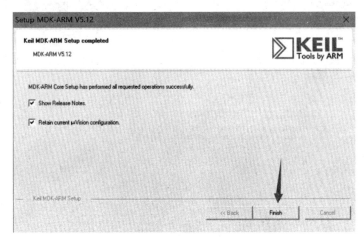

图 1-7　等待安装完成

Step6.出现如图 1-8 所示对话框后，勾选界面中两个复选框后（也可不勾选），单击"Finish"按钮完成安装。

图 1-8　安装完成

嵌入式技术应用项目式教程（STM32 版）

如应用安装完成后自动打开，需先将其关闭后再继续下面的操作。

Keil MDK 支持所有基于 ARM Cortex-M 内核的微控制器，由于现在市面上基于该内核的微控制器数量众多，如果全集成到 Keil MDK 中，将导致其非常庞大与臃肿。为了解决这个问题，从 Keil5 开始，Keil 的安装开始分为基础环境安装和器件包安装两部分。之前安装的是 Keil MDK 的基础环境，接下来安装 STM32F1 系列产品的器件包。

Step1.找到库程序安装文件"Keil.STM32F1xx_DFP.1.0.5.pack"，双击运行，如图 1-9 所示。

图 1-9　库程序安装文件

Step2.进入如图 1-10 所示对话框后，单击"Next"按钮。

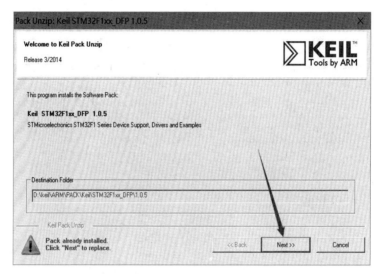

图 1-10　进行安装

Step3.进入如图 1-11 所示对话框，等待安装完成。

图 1-11　等待安装完成

Step4.安装完成后出现如图 1-12 所示对话框，单击"Finish"按钮。

至此，Keil MDK 开发平台已搭建完成。

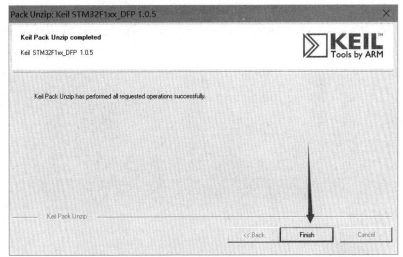

图 1-12　安装完成

使用已有工程　　创建 STM32 工程

任务 1-2　使用已有工程点亮 LED 灯

Step1.打开工程。项目工程一般以压缩包的形式给出，打开工程时需先解压压缩包。从"template103/User"目录中找到 template103.uvproj 工程文件，如图 1-13 所示，使用 Keil MDK 打开该工程文件。

图 1-13　工程目录

Step2.版本迁移。该工程使用 Keil4 创建，使用 Keil MDK 打开时，会出现如图 1-14 所示对话框，只需单击"Migrate to Device Pack"按钮，即可将在 Keil4 中创建的工程迁移到 Keil MDK 中。

Step3.编译工程。打开工程后，其中已具有点亮一个 LED 灯的实现代码，只需要对工程进行编译即可。在工具栏中单击"编译"按钮，如图 1-15 所示。

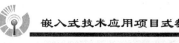

图 1-14　Keil MDK 迁移对话框

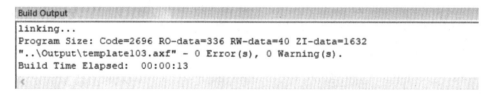

图 1-15　工具栏中"编译"按钮

编译完成后，在"Build Output"（编译输出）对话框中可以看到如图 1-16 所示编译成功信息。

```
Build Output
linking...
Program Size: Code=2696 RO-data=336 RW-data=40 ZI-data=1632
"..\Output\template103.axf" - 0 Error(s), 0 Warning(s).
Build Time Elapsed:  00:00:13
```

图 1-16　编译成功信息

Step4.设置 ST-LINK。将开发板的电源、ST-LINK 的连接线连接到计算机上。在 Keil MDK 的工具栏中单击"Option for Target"（工程选项）按钮，如图 1-17 所示。

配置 ST-LINK

图 1-17　"Option for Target"按钮

在弹出的对话框中选择"Debug"选项卡，如图 1-18 所示，在右侧"Use"后的下拉列表中选择"ST-Link Debugger"选项。

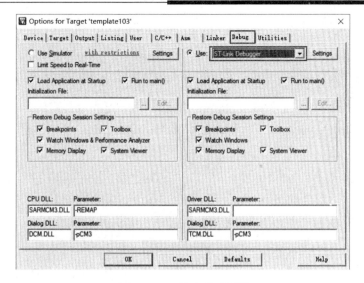

图 1-18　工程选项对话框

单击"Settings"按钮，在出现的对话框中出现了 ST-LINK 相关的信息。如果没有出现信息，表明 ST-LINK 连接不正确。将"Port"设置为"SW"，如图 1-19 所示。

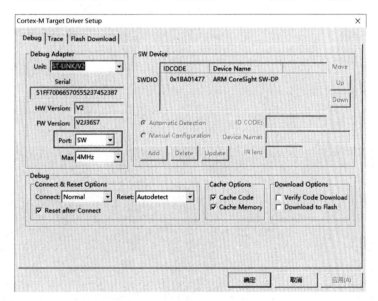

图 1-19　ST-LINK 配置对话框 1

切换到"Flash Download"选项卡，如图 1-20 所示。勾选"Reset and Run"复选框，并确认"Programming Algorithm"栏中包含图中所示的内容，如果没有，可以通过单击"Add"按钮进行添加。完成后，单击"确定"按钮即可。返回到上级对话框后，单击"OK"按钮。

Step5.下载程序。在 Keil MDK 的工具栏中，单击"Download"按钮，即可将编译完成的执行文件下载到 STM32 中，如图 1-21 所示。

下载成功，会在"Build Output"对话框中显示如图 1-22 所示信息。

此时开发板上已有一个 LED 灯被点亮（除电源灯外），如图 1-23 所示。

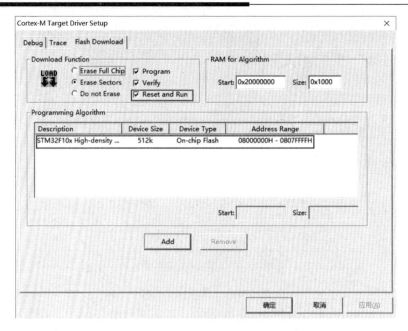

图 1-20　ST-LINK 配置对话框 2

图 1-21　"Download"按钮

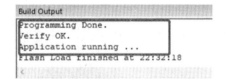

图 1-22　下载成功信息

图 1-23　点亮 LED 灯实物效果

至此，使用已有工程完成点亮一个 LED 灯的任务已完成。

任务 1-3　实现一个 LED 灯闪烁

1. 任务目标

编写程序，使开发板上的 LED 灯 D1 闪烁。

2. 程序实现

```c
#include "stm32f10x.h"

void delay_ms(uint16_t ms)
{
    uint16_t i;
    for(;ms>0;ms--)
        for(i=50000;i>0;i--);
}

void LED_config(void)
{
    GPIO_InitTypeDef gpio;
    RCC_APB2PeriphClockCmd (RCC_APB2Periph_GPIOA,ENABLE);
    gpio.GPIO_Mode = GPIO_Mode_Out_PP ;
    gpio.GPIO_Pin = GPIO_Pin_0;
    gpio.GPIO_Speed = GPIO_Speed_50MHz ;
    GPIO_Init(GPIOA,&gpio);
    GPIO_SetBits(GPIOA,GPIO_Pin_0);
}

int main(void)
{
    LED_config();
    while(1)
    {
        GPIO_ResetBits(GPIOA,GPIO_Pin_0);
        delay_ms(500);
        GPIO_SetBits(GPIOA,GPIO_Pin_0);
        delay_ms(500);
    }
}
```

任务 1-4　实现流水灯

1. 任务目标

编写程序，使开发板上的 LED 灯 D1～D8 实现流水灯的效果。

仿真 STM32F103

2. 电路分析

点亮一个 LED 灯的本质是使 LED 灯两端的电压达到其正向导通电压，并提供发光所需的电流。使用 STM32F103 点亮 LED 灯的电路如图 1-24 所示。在图 1-24（b）中，电流从 3.3V 电源出发，经过 330Ω 限流电阻 R7，经过 D1，到达 LED0 网络节点。只有当 LED0 为低电平时，该条路径才能形成回路。结合图 1-24（a）、图 1-24（c），当 PA0 输出低电平时，D1 将被点亮。其他 D2～D7 与 D1 类似，只需将对应的 GPIO 置为低电平。

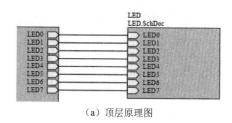

（a）顶层原理图

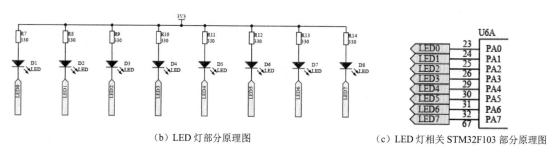

（b）LED 灯部分原理图　　　　　　　　　（c）LED 灯相关 STM32F103 部分原理图

图 1-24　使用 STM32F103 点亮 LED 灯的电路图

3. 程序实现

```
#include "stm32f10x.h"
void delay_ms(uint16_t ms)
{
    uint16_t i;
    for(;ms>0;ms--)
        for(i=50000;i>0;i--);
}
void LED_config(void)
{
    GPIO_InitTypeDef gpio;
    RCC_APB2PeriphClockCmd (RCC_APB2Periph_GPIOA,ENABLE);
    gpio.GPIO_Mode = GPIO_Mode_Out_PP ;
    gpio.GPIO_Pin = GPIO_Pin_0 | GPIO_Pin_1 | GPIO_Pin_2 | GPIO_Pin_3 |
                    GPIO_Pin_4 | GPIO_Pin_5 | GPIO_Pin_6 | GPIO_Pin_7;
    gpio.GPIO_Speed = GPIO_Speed_50MHz ;
    GPIO_Init(GPIOA,&gpio);
    GPIO_SetBits(GPIOA,GPIO_Pin_0 | GPIO_Pin_1 | GPIO_Pin_2 | GPIO_Pin_3 |
                 GPIO_Pin_4 | GPIO_Pin_5 | GPIO_Pin_6 | GPIO_Pin_7);
}
int main(void)
{
    LED_config();
    while(1)
    {
        GPIO_SetBits(GPIOA,GPIO_Pin_7);
        GPIO_ResetBits(GPIOA,GPIO_Pin_0);
        delay_ms(500);
        GPIO_SetBits(GPIOA,GPIO_Pin_0);
        GPIO_ResetBits(GPIOA,GPIO_Pin_1);
        delay_ms(500);
```

```
GPIO_SetBits(GPIOA,GPIO_Pin_1);
GPIO_ResetBits(GPIOA,GPIO_Pin_2);
delay_ms(500);
GPIO_SetBits(GPIOA,GPIO_Pin_2);
GPIO_ResetBits(GPIOA,GPIO_Pin_3);
delay_ms(500);
GPIO_SetBits(GPIOA,GPIO_Pin_3);
GPIO_ResetBits(GPIOA,GPIO_Pin_4);
delay_ms(500);
GPIO_SetBits(GPIOA,GPIO_Pin_4);
GPIO_ResetBits(GPIOA,GPIO_Pin_5);
delay_ms(500);
GPIO_SetBits(GPIOA,GPIO_Pin_5);
GPIO_ResetBits(GPIOA,GPIO_Pin_6);
delay_ms(500);
GPIO_SetBits(GPIOA,GPIO_Pin_6);
GPIO_ResetBits(GPIOA,GPIO_Pin_7);
delay_ms(500);
    }
}
```

1.5　总结

　　通过完成本项目中的任务，实现了 STM32 开发环境的搭建，了解了常见 STM32 开发工具的优缺点，并对 STM32 开发固件库建立了初步认识。由于创建 STM32 工程的过程相对烦琐，本项目中直接给出样例工程。通过使用样例工程，体验了 STM32 的整个开发流程。此外，在点亮一个 LED 灯的基础上，进一步探讨如何点亮多个 LED 灯，直至完成流水灯程序的编写。

学习巩固与考核

	笔记：
1. 根据所学知识编写程序，驱动开发板上的第 5 个 LED 灯（D5）点亮。 　1.1　画出 STM32 驱动第 5 个 LED 灯（D5）点亮的电路原理图。 　1.2　编写程序（只编写主函数）。	

1.3 调试中是否遇到了问题？遇到了什么问题？是怎么解决的？	
2. 根据所学知识编写程序，使开发板上的所有 LED 灯（D1～D8）以 1Hz 的频率闪烁。 2.1 画出 STM32 驱动 8 路 LED 灯的电路原理图。	笔记：

2.2 编写程序（只编写主函数）。

2.3 调试中是否遇到了问题？遇到了什么问题？是怎么解决的？

3. 根据所学知识编写程序,使开发板上的所有LED灯(D1~D8)以1Hz的频率实现流水灯。流水灯顺序为D1…D8…D1。

　　3.1　编写程序(只编写主函数)。

　　3.2　调试中是否遇到了问题?遇到了什么问题?是怎么解决的?

笔记:

考核评价：	项目学习心得体会：
教师评价： 小组评价：	

项目2 篮球赛计分器设计与实现

项目介绍	
项目描述	本项目主要学习 STM32 最小系统、GPIO、数码管的静态显示和动态显示，以及端口重定向的基本使用方法。使用开发板设计与实现一个篮球赛计分器，要求如下： 1. 能够显示比分，可显示最大比分为"99：99"； 2. 能够控制给任意方加分； 3. 能够实现比分交换显示； 4. 能够清零比分。 本项目分为 4 个任务： 任务 2-1：用按键控制 LED 灯 任务 2-2：用数码管显示单个数字 任务 2-3：用数码管显示多个数字 任务 2-4：篮球赛计分器的实现
教学目标	知识目标 1. 掌握 STM32 最小系统； 2. 了解 STM32F103 GPIO 的基本结构； 3. 掌握数码管动态显示原理； 4. 了解逻辑设计的一般方法
	能力目标 1. 会使用 GPIO 的输出功能； 2. 会使用 GPIO 的输入功能； 3. 会编写数码管静态显示、动态显示程序
	素养目标 1. 了解 STM32 的编程规范； 2. 学会团结协作，同学之间互相查缺补漏； 3. 学会查找最新器件相关资料
项目准备	1. 学习开发套件 1 套； 2. 配套教材 1 本； 3. 计算机 1 台

2.1 STM32F103 最小系统

最小系统一般是指微控制器能够正常运行所需要的最基本组成部分，如电源、时钟、片上集成复位电路、调试接口、控制芯片，如有需要，再增加几个退耦电容即可。但是，一般在做产品设计时，还会增加外围的复位电路、振荡电路和启动电路。

2.1.1 复位电路

根据 STM32F103 参考手册中对于复位部分的描述，STM32F103 有多种复位方式，如图 2-1 所示。看门狗复位、电源复位、软件复位等复位方式都可通过特定电路使系统复位获得一个不短于 20μs 的负脉冲，从而达到系统复位的目的。

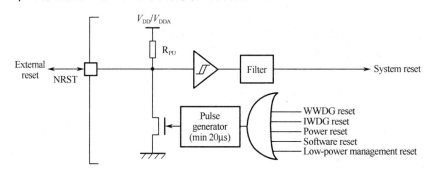

图 2-1　复位方式

对于外部复位，其复位引脚为 NRST。由图 2-1 可以看出，在 NRST 引脚外加一个不短于 20μs 的负脉冲，就能使系统复位。因此，可以得出结论，复位引脚 NRST 在正常工作时为高电平，需要复位时，给 NRST 一个不短于 20μs 的负脉冲，则可设计复位电路如图 2-2 所示。

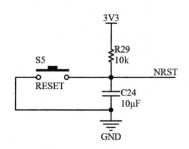

图 2-2　复位电路

上电瞬间，3.3V 电源提供给了电源引脚，但是 C24 的存在使得 NRST 将维持低电平。根据数据手册，NRST 引脚的低电平最高电压为 0.8V，不到供电电源的三分之一。按 RC 电路充放电时间计算，0.1s 才可以将 C24 两端电压充到约 1.1V，而低电平时间只要持续 20μs 即可触发复位，因此该电路能够满足上电复位的要求。需要手动复位时，按下复位按钮 S5，NRST 接地，松手后，NRST 恢复高电平。

2.1.2 时钟电路

对于数字电路来说，时钟是其工作的节拍。多数封装的 STM32F103 可以同时外接两种不同频率的晶振，其中，一个是低速外部时钟，通常供给实时时钟使用 32.768kHz 晶振；另一个是高速外部时钟，该时钟可以使用 1～25MHz 晶振。为了倍频方便，常使用 8MHz 晶振。时钟电路如图 2-3 所示。

图中选用的是 8MHz 无源晶振，两个 22pF 的起振电容，以及 1MΩ 的反馈电阻。

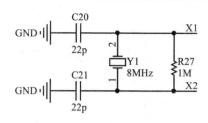

图 2-3　时钟电路

2.1.3　启动电路

STM32F103 系列微控制器为满足不同的需求提供了 3 种启动方式：

- 从 Flash 存储器启动：正常启动，从 Flash 存储器加载程序。
- 从系统存储器启动：一般用于串口烧录程序。
- 从 SRAM 启动：一般用于特殊场景调试，如 Flash 被锁的场景。

对于 LQFP100 封装的 STM32F103 来说，BOOT0 位于 94 脚，BOOT1 与 PB2 共用 37 脚。启动方式的电平设置如表 2-1 所示。

表 2-1　启动方式的电平设置

BOOT1	BOOT0	启　动　方　式
—	0	从 Flash 存储器启动
0	1	从系统存储器启动
1	1	从 SRAM 启动

启动电路如图 2-4 所示。BOOT0 经过一个 10kΩ 的电阻后，连接到一个 3 位排针，可通过短路帽选择连接高电平或低电平，正常使用时连接低电平；需要使用串口烧录程序时，可连接高电平。

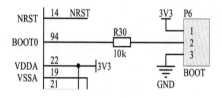

图 2-4　启动电路

2.2　STM32 GPIO 的使用

2.2.1　GPIO 概述

GPIO（General Purpose Input/Output）是一般功能输入/输出端口；AFIO（Alternate Function Input/Output）一般称为复用 I/O。通过查看数据手册可以知道，STM32F103 系列微控制器几乎没有哪个 I/O 口只有 I/O 功能，通常还会有第三功能甚至第四功能，而这部分功能将由 AFIO 管理。

在 STM32F103 的参考手册中，给出了 GPIO 的基本框图，如图 2-5 所示。

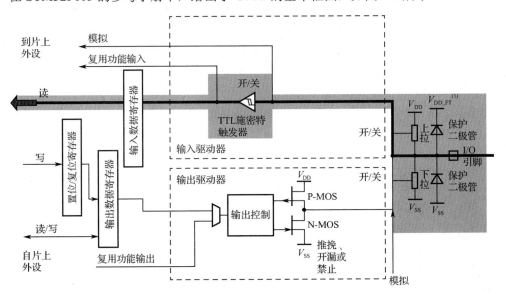

图 2-5　GPIO 基本框图

从框图中可以看出，输入功能与输出功能是通过不同的电路实现的。在实现输入功能的电路中，存在上拉电阻与下拉电阻的选择，还需要经过施密特触发器进行整形，以提高输入的抗干扰能力。输出电路部分主要是控制输出的两个互补的 MOSFET，当上管不工作时，是开漏（Open Drain，OD）输出；当上下管同时工作时，则是推挽（Push Pull，PP）输出。工作在 OD 模式时，只能输出低电平，如果要输出高电平，需要外部电路配合。工作在 PP 模式时，既能输出高电平，也能输出低电平。

既然 STM32F103 的输入和输出功能使用两套完全独立的电路，那么在使用时，也需要区分输入功能和输出功能。

2.2.2　GPIO 输出功能的使用

在使用 GPIO 时，无论是使用输入功能还是输出功能，都需要经过以下 3 个步骤：

点亮 LED 灯　　GPIO 输出功能

- 使能 GPIO 时钟；
- 配置 GPIO；
- 控制 GPIO 输出电平。

这些步骤的实现都可以借助标准外设固件库（以下简称"固件库"）提供的接口函数，而不需要直接操作 SFR。常用接口函数如表 2-2 所示。

表 2-2　使用 GPIO 时的常用接口函数

功　　能	固件库中对应函数
使能 GPIO 时钟	RCC_APB2PeriphClockCmd
配置 GPIO	GPIO_Init
控制 GPIO 输出电平	GPIO_ResetBits、GPIO_SetBits、GPIO_Write、GPIO_WriteBit

1. 使能 GPIO 时钟

在使用任何片上外设时，都必须先使能时钟。STM32 为降低整个微控制器的功耗，默认情况下，所有的片上外设都是关闭的，当需要使用某个外设时，必须先使能其时钟，然后才能对其进行相应操作。对于 GPIO 的时钟使能，可以使用 RCC_APB2PeriphClockCmd 函数，其函数原型如下：

void RCC_APB2PeriphClockCmd(uint32_t RCC_APB2Periph,FunctionalState NewState)

参数 RCC_APB2Periph 用于指定需要控制的时钟。固件库对每个外设时钟都使用了宏定义，如 GPIOA 的时钟定义了宏 RCC_APB2Periph_GPIOA。参数 NewState 用于指定是需要使能时钟还是失能时钟，需要使能时钟时，该参数值为 ENABLE，否则为 DISABLE。

2. 配置 GPIO

配置 GPIO 也称为初始化 GPIO，同样是使用外设时必不可少的步骤。由于 STM32F103 的每个外设都拥有多种工作模式，因此在使用之前必须对其进行初始化，才能使其工作在合适的模式下，满足使用需求。以 GPIO 为例，其有输入模式、输出模式。输入模式又可分为上拉输入、下拉输入、模拟输入、复用功能输入，输出模式又可分为推挽输出、开漏输出、复用功能输出及不同的最高频率输出。

对于 GPIO 的配置，固件库提供了函数 GPIO_Init，其函数原型如下：

void GPIO_Init(GPIO_TypeDef * GPIOx,GPIO_InitTypeDef * GPIO_InitStruct)

参数 GPIOx 用于指定初始化的 GPIO 组，当对 GPIOA 进行初始化时，只需将该参数设为 GPIOA 即可。GPIO_InitStruct 为该函数的核心参数。GPIO_InitTypeDef 是一个结构体，通过对结构体中的域进行赋值，即可完成 GPIO 的配置，其定义如下：

```
typedef struct
{
    uint16_t GPIO_Pin;
    GPIOSpeed_TypeDef GPIO_Speed;
    GPIOMode_TypeDef GPIO_Mode;
}GPIO_InitTypeDef;
```

结构体包含 3 个域，GPIO_Pin 用于指定需要配置的具体 I/O 位。GPIO_Speed 用于指定 GPIO 工作在输出模式时的最高频率，工作在输入模式时可不设置。GPIO_Mode 用于指定 GPIO 的工作模式。所有的值，固件库都以宏或枚举类型的方式进行了定义，可以从固件库文档中，以超链接的形式跳转找到每个域所需要的定义。如图 2-6 所示为 GPIO_Mode 的相关定义，从上至下依次为模拟输入、浮空输入、下拉输入、上拉输入、开漏输出、推挽输出、复用功能开漏输出、复用功能推挽输出，其中使用得最多的输出模式是 GPIO_Mode_Out_PP（推挽输出）模式。

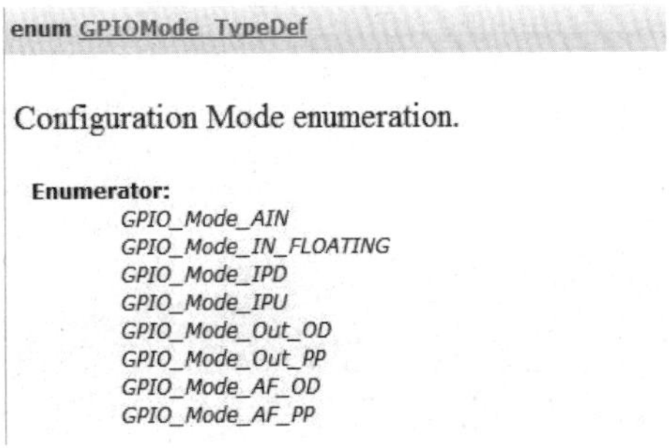

enum GPIOMode_TypeDef

Configuration Mode enumeration.

Enumerator:
GPIO_Mode_AIN
GPIO_Mode_IN_FLOATING
GPIO_Mode_IPD
GPIO_Mode_IPU
GPIO_Mode_Out_OD
GPIO_Mode_Out_PP
GPIO_Mode_AF_OD
GPIO_Mode_AF_PP

图 2-6　GPIO_Mode 的相关定义

3. 控制 GPIO 输出电平

从输出模式看 GPIO 的使用，就是控制 GPIO 输出高、低电平。固件库提供了多种函数，以满足不同的需求。GPIO_SetBits 和 GPIO_ResetBits 可以归为一组函数，前者用于置高电平，后者则用于置低电平。例如，将 PA0 置为低电平，则可写代码如下：

```
GPIO_ResetBits(GPIOA,GPIO_Pin_0);
```

GPIO_Write 则与 GPIO_ResetBits 不同，后者只能置低电平，而 GPIO_Write 可以完成高、低电平的控制。但是 GPIO_ResetBits 可以很方便地进行一个 GPIO 位的电平修改，这种功能对于 GPIO_Write 来说，就不那么容易实现了。为了弥补这一不足，固件库提供了另一个函数 GPIO_WriteBit，该函数专门用于操作一个 GPIO 位输出电平，与 GPIO_ResetBits/GPIO_SetBits 函数互为补充。

2.2.3 GPIO 输入功能的使用

介绍完输出功能后，输入功能就相对简单了。在设置模式时，上拉输入 GPIO_Mode_IPU 使用较多。配置完成后，可以使用 GPIO_ReadInputData、GPIO_ReadInputDataBit 函数读取 I/O 位的电平。两个函数的区别在于 GPIO_ReadInputData 读取整个 GPIO 组的电平，而 GPIO_ReadInputDataBit 则读取指定 I/O 位的电平。

任务 2-1 用按键控制 LED 灯

GPIO 输入功能

1. 任务目标

编写程序，当按键 S1 被按下时，LED 灯 D1 点亮；当按键 S1 被释放时，LED 灯 D1 熄灭。

2. 电路分析

LED 部分电路见任务 1-4。按键部分电路如图 2-7 所示。

按键　　按键控制 LED 灯

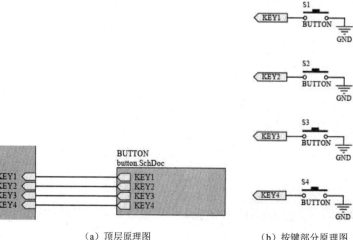

（a）顶层原理图　　　　　（b）按键部分原理图　　（c）按键相关 STM32F103 部分原理图

图 2-7　按键部分电路图

将按键 S1～S4 依次连接到 PC0～PC3 口，对电路进行分析，当输入模式为上拉输入时，按键被按下，端口将检测到低电平；当按键未被按下时，端口将检测到高电平。

3. 程序实现

```c
#include "stm32f10x.h"

void KEY_config(void)
{
    GPIO_InitTypeDef gpio;
    RCC_APB2PeriphClockCmd (RCC_APB2Periph_GPIOC,ENABLE);
    gpio.GPIO_Mode = GPIO_Mode_IPU;
    gpio.GPIO_Pin = GPIO_Pin_0;
    GPIO_Init(GPIOC,&gpio);
}

void LED_config(void)
{
    GPIO_InitTypeDef gpio;
    RCC_APB2PeriphClockCmd (RCC_APB2Periph_GPIOA,ENABLE);
    gpio.GPIO_Mode = GPIO_Mode_Out_PP ;
    gpio.GPIO_Pin = GPIO_Pin_0;
    gpio.GPIO_Speed = GPIO_Speed_50MHz ;
    GPIO_Init(GPIOA,&gpio);
    GPIO_SetBits(GPIOA,GPIO_Pin_0);
}

int main(void)
{
    KEY_config();
    LED_config();
    while(1)
    {
        if(!GPIO_ReadInputDataBit(GPIOC,GPIO_Pin_0))
        {
            GPIO_ResetBits(GPIOA,GPIO_Pin_0);
        }
        else
        {
            GPIO_SetBits(GPIOA,GPIO_Pin_0);
        }
    }
}
```

2.3 数码管的使用

2.3.1 数码管简介

在数字电路课程中，已经使用过数码管。数码管的种类、型号非常多，如图 2-8 所示，图中也只包含了数码管的一个小子集。在日常生活中，数码管非常常见，在电梯和各式各样的小家电中，数码管都是首选的显示设备。

图 2-8 形形色色的数码管

数码管分共阴极和共阳极两种，在实际使用过程中，选用共阴极还是共阳极数码管取决于电路的设计，其内部结构图如图 2-9 所示。数码管的本质就是按照特定位置排列的一组发光二极管，因此使用数码管与使用 LED 灯并没有什么本质上的区别。

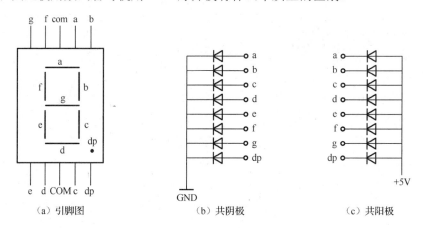

（a）引脚图　　　　（b）共阴极　　　　（c）共阳极

图 2-9　数码管内部结构图

2.3.2　数码管的驱动电路

数码管的驱动电路如图 2-10 所示。

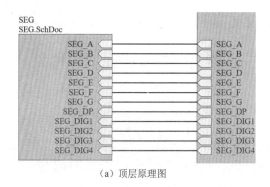

（a）顶层原理图

图 2-10　数码管的驱动电路

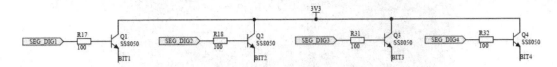

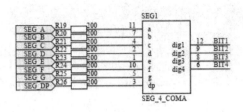

（b）按键部分原理图

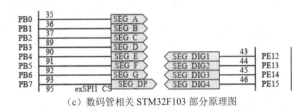

（c）数码管相关 STM32F103 部分原理图

图 2-10   数码管的驱动电路（续）

只有当公共阳极获得电压时，对应位数码管才获得了被点亮的前提条件，将控制那一位数码管公共阳极得电的信号称为位选择信号，简称"位选信号"。当数码管的公共阳极得电后，就需要 GPIO 对其内部的发光二极管阴极电位进行控制，当阴极电位为低电平时，则拥有阴极低电平的段将被点亮，因此将二极管阴极的控制信号称为段选择信号，简称"段选信号"。

位选信号是通过控制 NPN 型晶体管的基极电压来获得的，当其为高电平时，晶体管导通，3.3V 电源加在公共阳极上。根据数码管内部结构图，共阳极数码管内部所有发光二极管的阳极连接到公共阳极上，而每个发光二极管的阴极独立。在图 2-10（c）中，阴极的段选信号则分别连接到了 PB0～PB7 上。而所有位数码管的同一阴极，都是连接在一起的，所以在给段选信号和位选信号时，应避免其相互影响。

2.3.3   GPIO 端口的重定向

既然数码管的内部结构与发光二极管大同小异，那么就可以编写如下代码点亮一个数码管的所有段：

```
int main()
{
    /*初始化代码省略*/
    GPIO_SetBits(GPIOE,GPIO_Pin_15);
    GPIO_Write(GPIOB,0x00);
    while(1);
}
```

将该代码编译并下载到开发板后，实际效果如图 2-11 所示。对于所有的 GPIO，操作方法都是一致的，但有两段没有被点亮，经过确认，没有被点亮的两段对应 GPIO 位的 PB3 和 PB4。

图 2-11　实际效果图

　　为了解决这个问题，就需要引入一个新的概念——端口重定向或端口重映射。PB3 和 PB4 所对应的段之所以不亮，是因为它们复位后默认功能不是 GPIO。只有 GPIO 的端口，才能按照 GPIO 的方式进行编程，设置其高、低电平。如果不是 GPIO 的端口，那么按照 GPIO 进行编程，效果不言而喻。这两个端口不是 GPIO，那是什么呢？要回答这个问题，就必须要查阅官方数据手册。

　　从数据手册可看出，如图 2-12 所示，PB3 和 PB4，也就是 LQFP100 封装的第 89、90 脚，主要功能分别是 JTDO、JNTRST，这两个功能都属于调试接口。所谓的主要功能，就是复位之后的功能，也就是说这两个引脚，复位之后肯定不是 GPIO 功能。为此，找出 PB0 的信息与之做对比。

Pins							Pin name	Type[1]	I / O Level[2]	Main function[3] (after reset)	Alternate functions[4]	
LFBGA100	UFBG100	LQFP48/UFQFPN48	TFBGA64	LQFP64	LQFP100	VFQFPN36					Default	Remap
J4	M5	18	F5	26	35	15	PB0	I/O	-	PB0	ADC12_IN8/ TIM3_CH3[9]	TIM1_CH2N
A7	A8	39	A5	55	89	30	PB3	I/O	FT	JTDO	-	TIM2_CH2 / PB3 TRACESWO SPI1_SCK
A6	A7	40	A4	56	90	31	PB4	I/O	FT	JNTRST	-	TIM3_CH1/ PB4/ SPI1_MISO

图 2-12　PB0、PB3、PB4 数据手册

　　从图中可以看出，PB0 的主要功能就是 PB0。因此，仅需要对 PB0 进行 GPIO 设置，就可以按照 GPIO 的操作流程使用。

　　那么怎么样将 PB3 和 PB4 的功能设置为 PB3 和 PB4 呢？设置过程就是前面所说的端口重定向。

　　端口重定向需从数据手册中找到如图 2-13 所示内容。由于下载需要使用 SWD 接口，因此 SW-DP 不能被关闭，所以选择 "JTAG-DP Disabled and SW-DP Enabled"。

SWJ_CFG [2:0]	Available debug ports	SWJ I/O pin assigned				
		PA13 / JTMS/ SWDIO	PA14 / JTCK/S WCLK	PA15 / JTDI	PB3 / JTDO/ TRACE SWO	PB4/ NJTRST
000	Full SWJ (JTAG-DP + SW-DP) (Reset state)	X	X	X	X	X
001	Full SWJ (JTAG-DP + SW-DP) but without NJTRST	X	X	X	x	Free
010	JTAG-DP Disabled and SW-DP Enabled	X	X	Free	Free(1)	Free
100	JTAG-DP Disabled and SW-DP Disabled	Free	Free	Free	Free	Free
Other	Forbidden	-	-	-	-	-

图 2-13　调试接口重定向

　　固件库同样提供了用于端口重定向的函数，如图 2-14 所示。第一个参数指定重定向方式，选择框中标注的宏；第二个参数设为 ENABLE 即可。

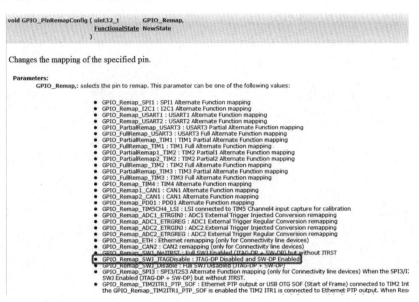

图 2-14　端口重定向函数

　　由于端口重定向属于 AFIO 部分功能，在配置 GPIOB 端口前，需先调用 RCC_APB2Periph ClockCmd 函数，使能 AFIO 时钟；再调用 GPIO_PinRemapConfig 函数，对端口进行重定向；最后按照传统的方式配置 GPIOB，即可正常使用 PB3 和 PB4。实际效果如图 2-15 所示。

图 2-15　实际效果图

2.3.4 数码管的静态显示

将数码管的公共端恒定接电源，8 个段控制引脚分别与单片机的 GPIO 口相连，这种连接方式称为数码管的静态显示。在这种连接方式下，只要修改段选码，数码管就会有对应的显示。

2.3.5 数码管的动态显示

当需要使用多位数码管显示时，如果使用静态显示方式，需要大量 GPIO 口，因此产生了动态显示。

将各位数码管的相应段控制端并联在一起，使用单片机的 GPIO 口进行控制；将各位数码管的公共端分别用 GPIO 口进行控制，这种连接方式则可以实现动态显示（也称动态扫描显示）。

任务 2-2　用数码管显示单个数字

1. 任务目标

显示单个数字是典型的数码管静态显示的应用。编写程序，使第 1 位数码管显示数字"6"。

2. 电路分析

数码管部分原理图如图 2-10 所示。开发板上所使用的数码管为共阳极数码管，其公共阳极通过 NPN 型晶体管控制，如图 2-10（b）所示。数码管的每一段由 PB 口控制。

3. 程序实现

```
#include "stm32f10x.h"

void SEG_config(void)
{
    GPIO_InitTypeDef gpio;
    RCC_APB2PeriphClockCmd(RCC_APB2Periph_AFIO | RCC_APB2Periph_GPIOB | RCC_APB2Periph_GPIOE,ENABLE);
    GPIO_PinRemapConfig(GPIO_Remap_SWJ_JTAGDisable,ENABLE);
    gpio.GPIO_Mode = GPIO_Mode_Out_PP;
    gpio.GPIO_Speed = GPIO_Speed_2MHz ;
    GPIOB->ODR &= 0xff00;
    gpio.GPIO_Pin = GPIO_Pin_0 | GPIO_Pin_1 | GPIO_Pin_2 | GPIO_Pin_3 |
                    GPIO_Pin_4 | GPIO_Pin_5 | GPIO_Pin_6 | GPIO_Pin_7;
    GPIO_Init(GPIOB,&gpio);
    gpio.GPIO_Pin = GPIO_Pin_12 | GPIO_Pin_13 | GPIO_Pin_14 | GPIO_Pin_15;
    GPIO_Init(GPIOE,&gpio);
}

int main(void)
{
    SEG_config();
    GPIO_Write(GPIOB,0X82);
    GPIO_SetBits(GPIOE,GPIO_Pin_12);
    while(1);
}
```

任务 2-3　用数码管显示多个数字

1. 任务目标

用数码管显示多个不同数字，根据硬件不同有不同的实现方法，最常用的方法是使用数码管的动态显示。本任务要求编写数码管动态显示程序，使得开发板上的数码管显示"1""2""3""4"。

2. 电路分析

见任务 2-2。

3. 程序实现

```c
#include "stm32f10x.h"

void SEG_config(void)
{
    GPIO_InitTypeDef gpio;
    RCC_APB2PeriphClockCmd(RCC_APB2Periph_AFIO | RCC_APB2Periph_GPIOB | RCC_APB2Periph_GPIOE,ENABLE);
    GPIO_PinRemapConfig(GPIO_Remap_SWJ_JTAGDisable,ENABLE);
    gpio.GPIO_Mode = GPIO_Mode_Out_PP;
    gpio.GPIO_Speed = GPIO_Speed_2MHz ;
    GPIOB->ODR &= 0xff00;
    gpio.GPIO_Pin = GPIO_Pin_0 | GPIO_Pin_1 | GPIO_Pin_2 | GPIO_Pin_3 |
                    GPIO_Pin_4 | GPIO_Pin_5 | GPIO_Pin_6 | GPIO_Pin_7;
    GPIO_Init(GPIOB,&gpio);
    gpio.GPIO_Pin = GPIO_Pin_12 | GPIO_Pin_13 | GPIO_Pin_14 | GPIO_Pin_15;
    GPIO_Init(GPIOE,&gpio);
}

void SEG_disp(uint16_t data)
{
    const uint16_t bitCode[] = {GPIO_Pin_12,GPIO_Pin_13,
                                GPIO_Pin_14,GPIO_Pin_15};
    const uint8_t dispCode[] = {0xC0,0xF9,0xA4,0xB0,0x99,0x92,0x82,
                                0xF8,0x80,0x90,0x88,0x83,0xC6,0xA1,
                                0x86,0x8E,0xFF};
    static uint8_t count=0;
    GPIOE->ODR &= 0x0fff;
    switch(count)
    {
        case 0:
            GPIO_Write(GPIOB,dispCode[data/1000]);
            break;
        case 1:
            GPIO_Write(GPIOB,dispCode[data/100%10]);
            break;
        case 2:
            GPIO_Write(GPIOB,dispCode[data/10%10]);
            break;
        case 3:
            GPIO_Write(GPIOB,dispCode[data%10]);
            break;
    }
    GPIO_Write(GPIOE,bitCode[count]);
    count++;
    count %= 4;
```

```
    }

    int main(void)
    {
        SEG_config();
        while(1)
        {
            SEG_disp(1234);
        }
    }
```

任务 2-4   篮球赛计分器的实现

1. 任务分析

将对篮球赛计分器的要求，拆分成几个任务。（1）显示比分，即数码管的动态显示，在任务 2-3 中完成了用数码管显示 "1""2""3""4"，在该任务基础上进行修改，即可满足显示比分的要求。（2）调整比分。任务 2-1 中使用了按键控制 LED 灯，可以在其基础上，使用按键修改变量值，结合任务 2-3，即可实现用按键修改数码管显示内容。（3）交换显示。使用按键实现交换显示变量即可。（4）清零比分。按键被按下后，将显示变量清零。

2. 程序流程分析

根据任务要求，可绘制流程图如图 2-16 所示。篮球赛计分器在无按键被按下时，时刻保持数码管的动态显示，显示的内容为 A、B 两个变量的值。在有按键被按下时，根据按键不同，分别对 A、B 两个变量的值进行调整，以达到任务要求。

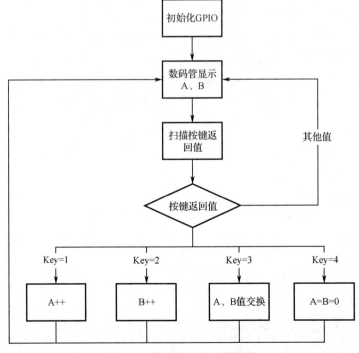

图 2-16   篮球赛计分器流程图

3. 程序实现

```c
#include "stm32f10x.h"

void delay_ms(uint16_t ms)
{
    uint16_t i;
    for(;ms>0;ms--)
        for(i=50000;i>0;i--);
}

void SEG_config(void)
{
    GPIO_InitTypeDef gpio;
    RCC_APB2PeriphClockCmd(RCC_APB2Periph_AFIO|RCC_APB2Periph_GPIOB| RCC_APB2Periph_
GPIOE,ENABLE);
    GPIO_PinRemapConfig(GPIO_Remap_SWJ_JTAGDisable,ENABLE);
    gpio.GPIO_Mode = GPIO_Mode_Out_PP;
    gpio.GPIO_Speed = GPIO_Speed_2MHz ;
    GPIOB->ODR &= 0xff00;
    gpio.GPIO_Pin = GPIO_Pin_0 | GPIO_Pin_1 | GPIO_Pin_2 | GPIO_Pin_3 |
                    GPIO_Pin_4 | GPIO_Pin_5 | GPIO_Pin_6 | GPIO_Pin_7;
    GPIO_Init(GPIOB,&gpio);
    gpio.GPIO_Pin = GPIO_Pin_12 | GPIO_Pin_13 | GPIO_Pin_14 | GPIO_Pin_15;
    GPIO_Init(GPIOE,&gpio);
}

void KEY_config(void)
{
    GPIO_InitTypeDef gpio;
    RCC_APB2PeriphClockCmd (RCC_APB2Periph_GPIOC,ENABLE);
    gpio.GPIO_Mode = GPIO_Mode_IPU;
    gpio.GPIO_Pin = GPIO_Pin_0 | GPIO_Pin_1 | GPIO_Pin_2 | GPIO_Pin_3;
    GPIO_Init(GPIOC,&gpio);
}

void SEG_disp(uint8_t a, uint8_t b)
{
    const uint16_t bitCode[] = {GPIO_Pin_12,GPIO_Pin_13,
                    GPIO_Pin_14,GPIO_Pin_15};
    const uint8_t dispCode[] = {0xC0,0xF9,0xA4,0xB0,0x99,0x92,0x82,
                    0xF8,0x80,0x90,0x88,0x83,0xC6,0xA1,
                    0x86,0x8E,0xFF};
    static uint8_t count=0;
    GPIOE->ODR &= 0x0fff;
    switch(count)
    {
        case 0:
            GPIO_Write(GPIOB,dispCode[a/10]);
            break;
        case 1:
            GPIO_Write(GPIOB,dispCode[a%10]);
            break;
        case 2:
            GPIO_Write(GPIOB,dispCode[b/10]);
            break;
        case 3:
            GPIO_Write(GPIOB,dispCode[b%10]);
            break;
```

```
        }
        GPIO_Write(GPIOE,bitCode[count]);
        count++;
        count %= 4;
}

uint16_t KEY_scan(void)
{
    uint16_t rtl=0;
    if((GPIO_ReadInputData(GPIOC) & 0x000f) == 0x000f)
        return 0xff;
    delay_ms(10);
    if((GPIO_ReadInputData(GPIOC) & 0x000f) == 0x000f)
        return 0xff;
    rtl = GPIO_ReadInputData(GPIOC) & 0x000f;
    while((GPIO_ReadInputData(GPIOC) & 0x000f) != 0x000f);
    return rtl;
}

int main(void)
{
    uint8_t A=0,B=0;
    uint8_t t;
    SEG_config();
    KEY_config();
    while(1)
    {
        SEG_disp(A,B);

        switch(KEY_scan())
        {
            case 0xe:
                A++;
                break;
            case 0xd:
                B++;
                break;
            case 0xb:
                t=A;
                A=B;
                B=t;
                break;
            case 0x7:
                A=B=0;
                break;
        }
    }
}
```

2.4　总结

本项目着重介绍了 STM32 最小系统及 GPIO 输入/输出功能的使用。通过控制 LED 灯的来讲解 GPIO 的输出功能，通过按键的使用来讲解 GPIO 的输入功能。引入数码管的静态显示和动态显示，并对 GPIO 的重定向进行了介绍。经过对本项目的学习，应该掌握 STM32 最小系统电路、GPIO 的配置流程及 GPIO 的操作方法。

学习巩固与考核

	笔记：
1. 根据所学知识编写程序，驱动开发板上的第 4 个数码管，在数码管上显示数字 "5"。 1.1 画出 STM32 驱动一个数码管的电路原理图。 1.2 编写程序（只编写主函数）。	

1.3 调试中是否遇到了问题？遇到了什么问题？是怎么解决的？	
2．根据所学知识编写程序，使开发板上的前 4 个数码管以 1Hz 的频率交替显示 "1" "2" "3" "4"。 2.1 画出 STM32 驱动 4 个数码管的电路原理图。	笔记：

2.2   编写程序（只编写主函数）。

2.3   调试中是否遇到了问题？遇到了什么问题？是怎么解决的？

3. 根据所学知识编写程序，在开发板上实现一个简易乒乓球赛计分器。

3.1 编写程序（只编写主函数）。

3.2 调试中是否遇到了问题？遇到了什么问题？是怎么解决的？

笔记：

考核评价：	项目学习心得体会：
教师评价： 　小组评价：	

项目3 数字时钟设计与实现

项目介绍		
项目描述		本项目介绍 STM32F103 片上通用功能定时器（TIM）的相关知识。定时器是非常重要的片上资源，是很多功能实现的基础。本项目利用片上 TIM 在开发板上实现一个简易数字时钟，要求如下： 1．能够显示时、分； 2．能够调整时、分； 3．具有调试模式，能够将时钟走时速度提高 10 倍，且能还原。 本项目分为 4 个任务： 任务 3-1：实现以 1Hz 频率闪烁的 LED 灯（查询法） 任务 3-2：秒表 任务 3-3：用按键控制流水灯 任务 3-4：数字时钟的实现
教学目标	知识目标	1．了解 STM32F103 时钟系统； 2．掌握定时器原理； 3．了解 STM32F103 定时器特点； 4．掌握 STM32F103 中断系统的应用
	能力目标	1．会使用 STM32F103 定时器； 2．会使用 STM32F103 外部中断； 3．会使用 STM32F103 定时器中断
	素养目标	1．了解 STM32 的编程规范； 2．学会团结协作，同学之间互相查缺补漏； 3．学会查找最新器件相关资料
项目准备		1．学习开发套件 1 套； 2．配套教材 1 本； 3．计算机 1 台

3.1 STM32 时钟系统

时钟是数字电路的工作节拍，是数字电路正常工作的基础。微控制器是典型的数字器件，即使是混合信号处理器，也是由数字部分和模拟部分组成的，那么，数字部分要正常工作，依然不能离开时钟。STM32 就是一种微控制器，时钟在其内部具有非常重要的地位。STM32F103VET6 时钟树（Clock Tree）如图 3-1 所示。

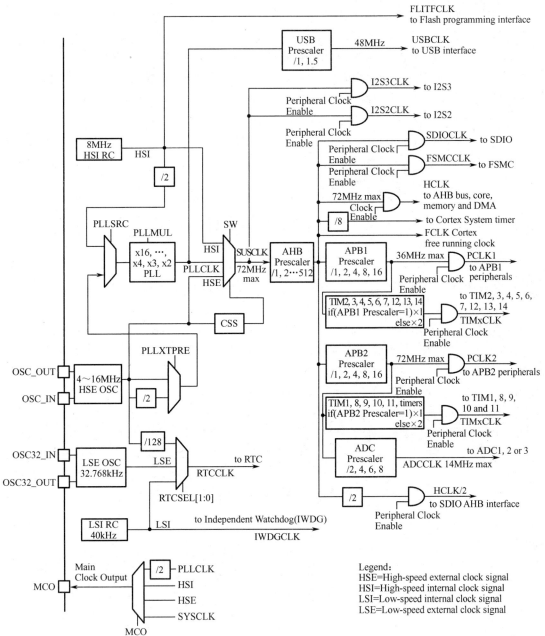

图 3-1 STM32F103VET6 时钟树

STM32F103 的时钟分为 4 种类型，分别是高速内部时钟（HSI）、低速内部时钟（LSI）、高速外部时钟（HSE）和低速外部时钟（LSE），4 种时钟的作用各不相同。在项目 2 中，曾介绍 STM32F103 可不需要外接时钟即可正常工作，其原因就是 STM32 包含两个内部时钟 HSI 和 LSI，两个内部时钟又各有分工。

HSI 为高速 RC 振荡器，可使用该振荡器产生的时钟直接作为系统时钟（SYSCLK），也可将该时钟二分频后，作为锁相环（PLL）的输入，经过锁相环倍频后作为系统时钟。因此在使用 HSI 时，最高时钟频率可达 64MHz。LSI 为频率为 40kHz 的低速 RC 振荡器。LSI 不可作为系统时钟，主要供给实时时钟（RTC）使用，也可作为独立看门狗（IWDG）的时钟。

HSE 是外接的频率为 4～16MHz 的晶体振荡器，最常用频率为 8MHz。与 HSI 类似，HSE 也可直接作为系统时钟，同时也可以不经分频作为锁相环的输入，锁相环输出可达系统时钟的最高频率 72MHz。LSE 是指外接的频率为 32.768kHz 的晶体振荡器，供给实时时钟使用。

无论使用哪种时钟，经过系统时钟选择、寄存器配置成为系统时钟后，大多数外设就是在该时钟的基础上工作的。就常规外设而言，STM32F103 划分为 APB1 和 APB2 两类时钟，分别供给低速外设和高速外设。APB1 时钟的最高频率为 36MHz，但其给定时器 TIM2、TIM3 等外设提供时钟时，最高频率又可达 72MHz（经 APB1 二倍频）。GPIO 等外设的时钟都来自 APB2，APB2 中最特殊的外设为 ADC，由于 ADC 时钟（ADCCLK）最高频率只能达到 14MHz，因此有专门的 ADC 预分频器，在使用 ADC 时需要特别注意。

3.2 定时器概述

定时器是微控制器片上最重要的资源之一，其本质是数字电路课程中所学的计数器。数字电路课程中学习的是 4 位计数器，在微控制器中使用的则是 8 位、16 位、32 位计数器，无论其位数如何变化，工作原理都是一样的。

在部分微控制器中，对于定时器的描述就是定时器/计数器，那么，定时器与计数器是如何统一起来的呢？在使用计数器时，计数脉冲信号的频率是未知的，此时的计数并不能达到计时的目的。如果计数脉冲信号为已知频率呢？假设计数脉冲信号的频率为 1kHz，那么计数器每计 1 个数，表明时间经过了 1ms，在这种情况下，计数和计时就是同一个概念了。实现了计时，就为实现定时提供了先决条件。

STM32F103 片上包含 4 个通用功能定时器（TIM2、TIM3、TIM4、TIM5），2 个高级控制定时器（TIM1、TIM8），2 个基本定时器（TIM6、TIM7），此外还包括一个 Systick 定时器。

3.3 TIM2 的使用

3.3.1 TIM2 简介

TIM2 属于通用功能定时器，STM32F103 通用功能定时器的主要性能如下：
● 16 位向上、向下、向上/向下自动重装计数器；
● 16 位可编程预分频器；
● 更新中断：定时器向上溢出/向下溢出等。

当系统时钟频率为 72MHz 时，TIM2 的时钟频率就是 72MHz。STM32 为每个定时器提供了一个独立的 16 位可编程预分频器，也就是在 72MHz 的时钟频率下，经过分频后，最低时钟频率可达 1099Hz，配合 16 位计数器，其最长单次计时时长可达 59s。灵活的时钟频率范围，可以使得定时器单次定时时间范围大，满足各种应用需求。定时器使用的关键也就是如何设置定时器时钟的分频系数及定时器计数个数，以达到计时、定时的目的。

3.3.2 TIM2 的具体使用

与使用 GPIO 类似，使用定时器的基本步骤为使能时钟、外设配置（初始化）、使用外设。根据时钟树，可以确认 TIM2 的时钟属于低速时钟 APB1，因此使能 TIM2 时钟使用的函数为 RCC_APB1PeriphClockCmd。函数的第一个参数用于指定需要操作的时钟，第二个参数指定是需要使能还是失能。在固件库文档中给出了 APB1 所有外设的宏定义，如图 3-2 所示。

- RCC_APB1Periph_TIM2, RCC_APB1Periph_TIM3, RCC_APB1Periph_TIM4, RCC_APB1Periph_TIM5, RCC_APB1Periph_TIM6, RCC_APB1Periph_TIM7, RCC_APB1Periph_WWDG, RCC_APB1Periph_SPI2, RCC_APB1Periph_SPI3, RCC_APB1Periph_USART2, RCC_APB1Periph_USART3, RCC_APB1Periph_USART4, RCC_APB1Periph_USART5, RCC_APB1Periph_I2C1, RCC_APB1Periph_I2C2, RCC_APB1Periph_USB, RCC_APB1Periph_CAN1, RCC_APB1Periph_BKP, RCC_APB1Periph_PWR, RCC_APB1Periph_DAC, RCC_APB1Periph_CEC, RCC_APB1Periph_TIM12, RCC_APB1Periph_TIM13, RCC_APB1Periph_TIM14

图 3-2　APB1 所有外设的宏定义

外设配置使用的函数为 TIM_TimeBaseInit。由于定时器包含的功能多，为简化配置，每个功能都将使用独立的函数进行配置，而不是使用 TIM_Init 函数。定时器基本功能初始化函数的一个参数包含用于进行初始化的结构体 TIM_TimeBaseInitTypeDef，另一个参数则用于指定对哪个定时器进行初始化。初始化结构体原型如下：

```
typedef struct
{
    uint16_t TIM_Prescaler;
    uint16_t TIM_CounterMode;
    uint16_t TIM_Period;
    uint16_t TIM_ClockDivision;
    uint8_t TIM_RepetitionCounter;
} TIM_TimeBaseInitTypeDef;
```

其中，TIM_Prescaler 用于指定分频系数；TIM_CounterMode 用于指定计数模式；TIM_Period 用于指定计数周期；TIM_ClockDivision 为采样分频系数（用于定时器输入模式）；TIM_Repetition Counter 只对高级定时器有效，对通用功能定时器无效。

在使用定时器的基本功能时，只需要对 TIM_Prescaler、TIM_Period 进行配置即可，其他域都可以使用默认值。例如，为了实现数字时钟，希望定时器能每次计 1s 的时间。对于分频系数和计数周期应先进行计算，TIM2 的时钟源频率为 72MHz，如不分频，计数器需要计数到 72000000，为 1s 的时间；而计数器只有 16 位，最大计数只能到 65535，因此需要设置分频系数。分频系数也为 16 位，即最大分频系数为 65535。为了达到计时 1s 的目的，可以先将分频系数设置为 7199（即 7200 分频，实际分频数为分频系数加 1），此时，计数器频率为 72000000/7200=10000Hz，计数周期设置为 9999（产生溢出才能使标志位置位，计数周期设置值为需要计数值减 1）。

定时器初始化完成后，需要使用时直接启动定时器即可。启动与停止定时器需要使用 TIM_Cmd 函数，该函数的第一个参数指定具体的定时器，第二个参数指定是启动（ENABLE）定时器还是停止（DISABLE）定时器。

任务 3-1　实现以 1Hz 频率闪烁的 LED 灯（查询法）

1. 任务目标

编写程序，使用定时器（查询法）控制开发板上的 LED 灯 D1 按 1Hz 的频率闪烁。

2. 电路分析

点亮一个 LED 灯的本质是使 LED 灯两端的电压达到其正向导通电压，并提供发光所需的电流。使用 STM32F103 点亮 LED 灯的电路如图 3-3 所示。在图 3-3（b）中，电流从 3.3V

嵌入式技术应用项目式教程（STM32 版）

电源 3V3 出发，经过 330Ω 限流电阻 R7 和二极管 D1，到达 LED0 网络节点。只有当 LED0 为低电平时，该条路径才能形成回路。结合图 3-3（a）、图 3-3（c），当 PA0 输出低电平时，D1 将被点亮。其他二极管 D2～D7 与 D1 类似，只需将对应的 GPIO 置为低电平。

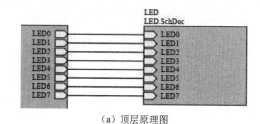

（a）顶层原理图

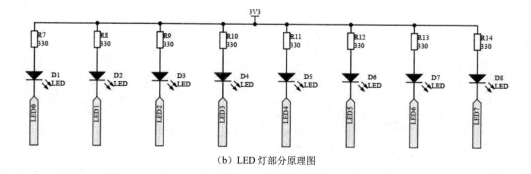

（b）LED 灯部分原理图

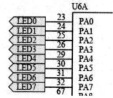

（c）LED 灯相关 STM32F103 部分原理图

图 3-3　使用 STM32F103 点亮 LED 灯的电路

3. 程序实现

```
#include "stm32f10x.h"

void LED_config(void)
{
    GPIO_InitTypeDef gpio;
    RCC_APB2PeriphClockCmd(RCC_APB2Periph_GPIOA,ENABLE);
    gpio.GPIO_Mode = GPIO_Mode_Out_PP ;
    gpio.GPIO_Pin = GPIO_Pin_0;
    gpio.GPIO_Speed = GPIO_Speed_2MHz ;
    GPIO_Init(GPIOA,&gpio);
}

void TIM_config(void)
{
    TIM_TimeBaseInitTypeDef tim;
    RCC_APB1PeriphClockCmd(RCC_APB1Periph_TIM2,ENABLE);
    tim.TIM_CounterMode = TIM_CounterMode_Up;
```

```
            tim.TIM_Period = 49999;
            tim.TIM_Prescaler = 719;
            TIM_TimeBaseInit(TIM2,&tim);
        }

        int main(void)
        {
            uint8_t flag=0;
            LED_config();
            TIM_config();
            while(1)
            {
                if(TIM_GetFlagStatus(TIM2,TIM_FLAG_Update))
                {
                    TIM_ClearFlag(TIM2,TIM_FLAG_Update);
                    if(flag)
                    {
                        flag = 0;
                        GPIO_ResetBits(GPIOA,GPIO_Pin_0);
                    }
                    else
                    {
                        flag = 1;
                        GPIO_SetBits(GPIOA,GPIO_Pin_0);
                    }
                }
            }
        }
```

3.4　定时器中断

3.4.1　中断概述

　　CPU 在执行程序时，总是按顺序执行的，即使执行条件语句、循环语句，也是在控制语句的控制下执行的。但是，有一种特殊情况，可以使得 CPU 停止执行当前的代码，跳转执行另外一段代码。这个跳转不是在控制语句的控制下实现的，而是完全在另外一套系统的控制下完成的。这种特殊的情况，就称为"中断"。由于它打破了 CPU 原有的运行方式，所以也将其称为"异常"。

　　中断的概念在日常生活中也同样存在。你在看书时，手机响了，你看了一眼手机，发现是你朋友的电话，于是看一眼书看到了什么位置，放下书，先接电话。与朋友聊完以后，你挂断电话，回到刚才看到的地方继续看书。这个过程，和 CPU 处理中断的过程是一样的。

　　CPU 正常执行程序（看书），此时，产生了一个中断事件（手机响），为了便于执行完中断后返回，CPU 会做一个现场保护（看一眼书看到了什么位置），跳转到中断执行程序（放下书，先接电话），中断执行完成后，CPU 继续执行之前的程序（挂断电话，回到刚才看到的地方继续看书）。

　　微控制器提供中断机制，用来解决一些异步事件，能够使 CPU 在执行其他任务时快速响应，执行中断服务函数。

3.4.2　STM32 中断系统简介

STM32F103 拥有 68 个中断源（不包括 16 个 Cortex-M3 系统中断），针对一个如此复杂的中断系统，STM32F103 的所有中断都由中断控制器 NVIC 进行管理。中断的响应过程可以包括 3 个步骤。第 1 步是片上外设产生中断请求。一般而言，片上外设的某些特殊事件可以用于产生中断请求，如定时器的计数器更新等。但是，片上外设发生了这一事件，并不一定发送中断请求，而是需要进行相应的设置，这一层级的设置可称为外设中断允许。第 2 步是调用中断控制器 NVIC。NVIC 接收到外设的中断请求后，会判断该中断是否被允许，还需要判断当前时刻是否有优先级更高的中断，当一切条件都满足后，该中断请求被允许，且被送往 CPU。第 3 步则是 CPU 开始执行中断代码。

中断响应过程如图 3-4 所示。由于中断事件可能是在片上外设内部产生的，也有可能是从片上外设之外捕获的，因此中断事件产生使用的是虚线。

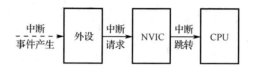

图 3-4　中断响应过程

3.4.3　TIM2 中断的使用

根据图 3-4 所示的中断响应过程，可按以下步骤对 TIM2 的中断进行设置。

1. 产生中断事件

计数器在发生溢出时，则有计数器更新标志位置位，而这一置位事件，可以用来作为一个中断事件，也就是定时器的更新中断。通过配置定时器，可以使得在定时器溢出标志位置位时，向 NVIC 发送中断请求，使用的函数为 TIM_ITConfig。该函数有三个参数，第一个参数用于指定配置哪个定时器；第二个参数用于指定定时器中断事件，如图 3-5 所示；第三个参数则指明是打开（ENABLE）该中断还是关闭（DISABLE）该中断。

- TIM_IT_Update: TIM update Interrupt source
- TIM_IT_CC1: TIM Capture Compare 1 Interrupt source
- TIM_IT_CC2: TIM Capture Compare 2 Interrupt source
- TIM_IT_CC3: TIM Capture Compare 3 Interrupt source
- TIM_IT_CC4: TIM Capture Compare 4 Interrupt source
- TIM_IT_COM: TIM Commutation Interrupt source
- TIM_IT_Trigger: TIM Trigger Interrupt source
- TIM_IT_Break: TIM Break Interrupt source

图 3-5　定时器中断事件

使能 TIM2 的更新中断，可使用如下代码：

```
TIM_ITConfig(TIM2,TIM_IT_Update,ENABLE);
```

2. NVIC 配置

当外设捕获到中断事件后，若外设允许中断，则会将中断请求发送到中断控制器 NVIC，必须对 NVIC 进行合适的配置，才使得中断能够继续向下传递。中断控制器主要对中断的优先级进行管理。所谓中断优先级，就是指当有多个中断同时产生，或者某个中断正在执行、又产生新的中断时，CPU 将根据中断优先级执行优先级最高的中断。

STM32F103 中有两种中断优先级，分别是抢占优先级和从优先级。抢占优先级用来设置当 A 中断正在执行，又产生新的中断 B 时，CPU 是继续执行 A 中断，还是停止执行 A 中断，转而执行 B 中断。从优先级用来设置当 C 和 D 两个中断同时产生时，CPU 先执行哪个中断。

对 NVIC 的配置将使用 NVIC_Init 函数，初始化同样使用一个初始化结构体来完成，其初始化结构体原型如下：

```
typedef struct
{
    uint8_t NVIC_IRQChannel;
    uint8_t NVIC_IRQChannelPreemptionPriority;
    uint8_t NVIC_IRQChannelSubPriority;
    FunctionalState NVIC_IRQChannelCmd;
} NVIC_InitTypeDef;
```

其中，NVIC_IRQChannel 用于指定中断通道，部分中断源和中断通道一一对应，多数中断通道会包含多个中断源。例如，TIM1 的更新中断源，有对应的 TIM1_UP_IRQn 中断通道，但是 TIM2 的更新中断源则没有独立的更新中断通道，而只能使用 TIM2_IRQn 中断通道，TIM2 的所有中断源，都属于 TIM2_IRQn 中断通道。

IRQChannelPreemptionPriority：用于指定该中断的抢占优先级，数字越小，优先级越高。

NVIC_IRQChannelSubPriority：用于指定该中断的从优先级，数字越小，优先级越高。

NVIC_IRQChannelCmd：用于指定是否使能该中断通道。ENABLE 表示使能，DISABLE 表示失能。

3. 中断服务函数

执行完上述步骤后，在中断事件产生时，CPU 将跳转执行中断服务函数。那么，中断服务函数在哪？STM32F103 以特定函数名的形式定义中断服务函数，对于一些中断源比较少的微控制器，也有用中断标号来定义中断服务函数的。

TIM2 的中断服务函数名为 TIM2_IRQHandler，在工程的任意位置，直接以该函数名编写一个函数，则该函数会在中断产生时运行。需要特别注意的是不要重复定义该函数。

TIM2 定时器中断的使用过程，可参看任务 3-2。

任务 3-2 秒表

TIM2+SEG

1. 任务目标

编写程序，实现一个显示 1 位小数的秒表（可不显示小数点）。要求使用一个按钮完成开始、停止、清零功能。

2. 电路分析

数码管部分原理图如图 3-6 所示。开发板上所使用的数码管为共阳极数码管，其公共阳极通过 NPN 型晶体管控制，如图 3-6（b）所示。数码管的每一段由 PB 口控制。

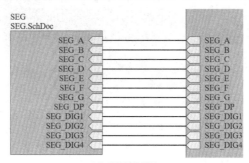

（a）顶层原理图

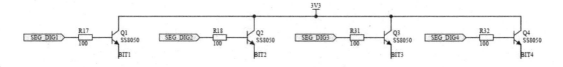

（b）按键部分原理图

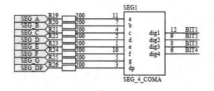

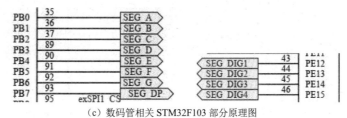

（c）数码管相关 STM32F103 部分原理图

图 3-6　数码管部分原理图

按键部分电路图如图 3-7 所示。

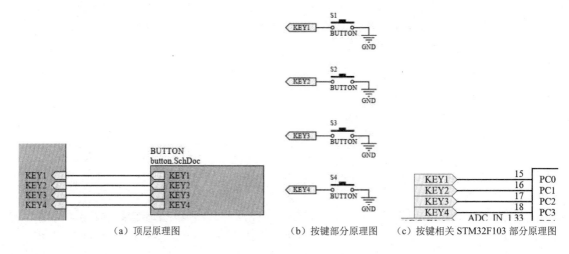

（a）顶层原理图　　（b）按键部分原理图　　（c）按键相关 STM32F103 部分原理图

图 3-7　按键部分电路图

将按键 S1～S4 依次连接到 PC0～PC3 口，对电路进行分析，当输入模式为上拉输入时，按键被按下，端口将检测到低电平；当按键未被按下时，端口将检测到高电平。

3. 程序实现

```c
#include "stm32f10x.h"
uint16_t time=0;

void delay_ms(uint16_t ms)
{
    uint16_t i;
    for(;ms>0;ms--)
        for(i=50000;i>0;i--);
}

void KEY_config(void)
{
    GPIO_InitTypeDef gpio;
    RCC_APB2PeriphClockCmd(RCC_APB2Periph_GPIOC,ENABLE);
    gpio.GPIO_Mode = GPIO_Mode_IPU ;
    gpio.GPIO_Pin = GPIO_Pin_0;
    gpio.GPIO_Speed = GPIO_Speed_2MHz ;
    GPIO_Init(GPIOC,&gpio);
}

void SEG_config(void)
{
    GPIO_InitTypeDef gpio;

    RCC_APB2PeriphClockCmd(RCC_APB2Periph_AFIO | RCC_APB2Periph_GPIOB | RCC_APB2Periph_
GPIOE,ENABLE);
    GPIO_PinRemapConfig(GPIO_Remap_SWJ_JTAGDisable,ENABLE);
    gpio.GPIO_Mode = GPIO_Mode_Out_PP;
    gpio.GPIO_Speed = GPIO_Speed_2MHz ;
    GPIOB->ODR &= 0xff00;
    gpio.GPIO_Pin = GPIO_Pin_0 | GPIO_Pin_1 | GPIO_Pin_2 | GPIO_Pin_3 |
                    GPIO_Pin_4 | GPIO_Pin_5 | GPIO_Pin_6 | GPIO_Pin_7;
    GPIO_Init(GPIOB,&gpio);
    gpio.GPIO_Pin = GPIO_Pin_12 | GPIO_Pin_13 | GPIO_Pin_14 | GPIO_Pin_15;
    GPIO_Init(GPIOE,&gpio);
}

void SEG_disp(uint16_t data)
{
    const uint16_t bitCode[] = {GPIO_Pin_12,GPIO_Pin_13,
                                GPIO_Pin_14,GPIO_Pin_15};
    const uint8_t dispCode[] = {0xC0,0xF9,0xA4,0xB0,0x99,0x92,0x82,
                                0xF8,0x80,0x90,0x88,0x83,0xC6,0xA1,
                                0x86,0x8E,0xFF};
    static uint8_t count=0;
    GPIOE->ODR &= 0x0fff;
    switch(count)
    {
        case 0:
            GPIO_Write(GPIOB,dispCode[data/1000]);
            break;
```

```
                    case 1:
                        GPIO_Write(GPIOB,dispCode[data/100%10]);
                        break;
                    case 2:
                        GPIO_Write(GPIOB,dispCode[data/10%10]);
                        break;
                    case 3:
                        GPIO_Write(GPIOB,dispCode[data%10]);
                        break;
            }
            GPIO_Write(GPIOE,bitCode[count]);
            count++;
            count %= 4;
}

void TIM_config(void)
{
        TIM_TimeBaseInitTypeDef tim;
        RCC_APB1PeriphClockCmd(RCC_APB1Periph_TIM2,ENABLE);
        tim.TIM_CounterMode = TIM_CounterMode_Up;
        tim.TIM_Prescaler = 719;
        tim.TIM_Period = 9999;
        TIM_TimeBaseInit(TIM2,&tim);
        TIM_Cmd(TIM2,DISABLE);
        TIM_ITConfig(TIM2,TIM_IT_Update,ENABLE);
}

void NVIC_config(void)
{
        NVIC_InitTypeDef nvic;
        nvic.NVIC_IRQChannel = TIM2_IRQn;
        nvic.NVIC_IRQChannelCmd = ENABLE;
        nvic.NVIC_IRQChannelPreemptionPriority = 0;
        nvic.NVIC_IRQChannelSubPriority = 0;
        NVIC_Init(&nvic);
}

int main(void)
{
        uint8_t flag=0;
        KEY_config();
        SEG_config();
        TIM_config();
        NVIC_config();
        while(1)
        {
            SEG_disp(time);
            if(GPIO_ReadInputDataBit(GPIOC,GPIO_Pin_0) == 0)
            {
                delay_ms(10);
                if(GPIO_ReadInputDataBit(GPIOC,GPIO_Pin_0) == 0)
                {
                    while(GPIO_ReadInputDataBit(GPIOC,GPIO_Pin_0) == 0);
                    switch(flag)
                    {
                        case 0:
                            TIM_Cmd(TIM2,ENABLE);
```

```
                            flag = 1;
                        break;
                        case 1:
                            TIM_Cmd(TIM2,DISABLE);
                            flag = 2;
                        break;
                        case 2:
                            time = 0;
                            flag = 0;
                        break;
                    }
                }
            }
        }
    }

    void TIM2_IRQHandler(void)
    {
        TIM_ClearITPendingBit(TIM2,TIM_IT_Update);
        time ++;
    }
```

3.5　外部中断

外部中断（EXTI）是指 GPIO 上电平的变化触发的中断，是最简　　EXTI 中断　　外部中断
单的中断形式。STM32F103 的每一个 GPIO 都可以配置为 EXTI 模式。当要使用 GPIO 的 EXTI
中断时，需要经过以下几步配置。

（1）时钟设置。当需要使用 EXTI 时，首先应该使能对
应 GPIO 的时钟，此外还需要使能 AFIO 的时钟。

（2）配置 GPIO。无论是直接使用 GPIO，还是使用 GPIO
的 EXTI，都需要对 GPIO 进行配置，EXTI 属于 GPIO 的输
入模式。

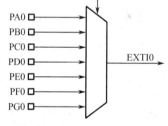

EXTI1[3:0] bits in AFIO_EXTICR1 register

（3）配置外部中断线。由于所有的 GPIO 都可以支持 EXTI，
为了便于高效管理，STM32F103 对 GPIO 进行了分组，每一
组 GPIO 连接到一个 EXTI 中断源上，其分组方式如图 3-8
所示。由图可知所有 GPIO 组中的第 0 个 I/O 都属于 EXTI0
中断源，以此类推，则有 EXTI1、EXTI2、EXTI3、…、EXTI15
中断源。而外部中断线配置，就是为一个 EXTI 中断源指定
GPIO，可以使用 GPIO_EXTILineConfig 函数进行配置，如
需要将 PB0 连接到 EXTI0，则可以写 GPIO_EXTILineConfig
(GPIOB,GPIO_PinSource0)。至此 GPIO 部分配置完成。

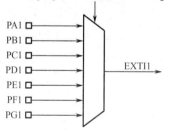

图 3-8　EXTI 分组方式

（4）配置 EXTI。使用 EXTI_Init()函数进行配置，该函
数参数为 EXTI_InitTypeDef 类型的结构体指针。EXTI_InitTypeDef 定义如下：

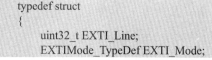

```
    typedef struct
    {
        uint32_t EXTI_Line;
        EXTIMode_TypeDef EXTI_Mode;
```

```
        EXTITrigger_TypeDef EXTI_Trigger;
        FunctionalState EXTI_LineCmd;
    }EXTI_InitTypeDef;
```

EXTI_Line：指定外部中断线，也就是 EXTI_Line0、EXTI_Line1 等。

EXTI_Mode：指定中断模式，通常直接赋值为 EXTI_Mode_Interrupt。

EXTI_Trigger：指定中断触发方式，外部中断有 3 种触发方式，EXTI_Trigger_Rising 上升沿触发，EXTI_Trigger_Falling 下降沿触发，EXTI_Trigger_Rising_Falling 上升下降沿触发。

EXTI_LineCmd：指定中断线是否使能，ENABLE 表示使能，DISABLE 表示失能。

（5）编写中断服务函数。

任务 3-3　用按键控制流水灯

1. 任务目的

用按键控制流水灯的启停。

2. 电路分析

数码管部分原理图如图 3-6 所示。开发板上所使用的数码管为共阳极数码管，其公共阳极通过 NPN 型晶体管控制，如图 3-6（b）所示。数码管的每一段由 PB 口控制。

按键部分电路如图 3-7 所示。

将按键 S1～S4 依次连接到 PC0～PC3 口，对电路进行分析，当输入模式为上拉输入时，按键被按下，端口将检测到低电平；当按键未被按下时，端口将检测到高电平。

3. 程序实现

```c
#include "stm32f10x.h"

void delay_ms(uint16_t ms)
{
    uint16_t i;
    for(;ms>0;ms--)
        for(i=50000;i>0;i--);
}

void LED_config(void)
{
    GPIO_InitTypeDef gpio;
    RCC_APB2PeriphClockCmd(RCC_APB2Periph_GPIOA,ENABLE);
    gpio.GPIO_Mode = GPIO_Mode_Out_PP ;
    gpio.GPIO_Pin = 0XFF;
    gpio.GPIO_Speed = GPIO_Speed_2MHz ;
    GPIO_Init(GPIOA,&gpio);
}

void KEY_IRQ_config(void)
{
    GPIO_InitTypeDef gpio;
    EXTI_InitTypeDef exti;
    RCC_APB2PeriphClockCmd(RCC_APB2Periph_GPIOC,ENABLE);
    gpio.GPIO_Mode = GPIO_Mode_IPU ;
```

```
            gpio.GPIO_Pin = GPIO_Pin_0;
            GPIO_Init(GPIOC,&gpio);
            RCC_APB2PeriphClockCmd(RCC_APB2Periph_AFIO,ENABLE);
            GPIO_EXTILineConfig(GPIO_PortSourceGPIOC,GPIO_PinSource0);
            exti.EXTI_Line = EXTI_Line0;
            exti.EXTI_LineCmd = ENABLE;
            exti.EXTI_Mode = EXTI_Mode_Interrupt;
            exti.EXTI_Trigger = EXTI_Trigger_Rising;
            EXTI_Init(&exti);
        }

        void NVIC_config(void)
        {
            NVIC_InitTypeDef nvic;
            nvic.NVIC_IRQChannel = EXTI0_IRQn;
            nvic.NVIC_IRQChannelCmd = ENABLE;
            nvic.NVIC_IRQChannelPreemptionPriority = 0;
            nvic.NVIC_IRQChannelSubPriority = 0;
            NVIC_Init(&nvic);
        }

        uint8_t isLSDRun = 1;
        int main(void)
        {
            uint8_t shiftBits=0;
            LED_config();
            KEY_IRQ_config();
            NVIC_config();

            while(1)
            {
                if(isLSDRun)
                {
                    GPIO_Write(GPIOA,~(1<<shiftBits));
                    shiftBits++;
                    shiftBits %= 8;
                    delay_ms(50);
                }
            }
        }

        void EXTI0_IRQHandler(void)
        {
            EXTI_ClearITPendingBit(EXTI_Line0);
            isLSDRun = !isLSDRun;
        }
```

任务 3-4　数字时钟的实现

1. 任务分析

　　数字时钟的实现需要使用集合按键、数码管显示、定时器中断等，是一个综合性比较强的小型项目。任务 3-2 中基本包含了实现数字时钟所需要的功能，但是从实现逻辑上说，数字时钟包含的应用层逻辑内容更多，也更复杂，可以在实现秒表的程序基础上编写实现数字时钟的代码。

秒表中包含 1 个按键，数字时钟则需要 3 个按键，1 个按键用来调节小时，1 个按键用来调节分钟，还有 1 个按键用来进入/退出调试模式，也就是走时速度要提高 10 倍。要提高走时速度，只能在定时器上做相应的处理。假定定时器中断每 50ms 执行一次，每次执行中断都将一个静态变量的值加 1。设置一个计数最大值变量，正常运行时，该变量值为 20。当中断函数中静态变量的值大于计数最大值变量的值时，则说明 1s 时间已到。若要将走时速度提高10 倍，只需将计数最大值变量值改为 2。

    任务 3-2 中，整个数码管全是以 0.1s 为量纲显示的，因此在数字时钟中，也需要进行相应的修改。由于数码管只有 4 位，秒不能显示，所以考虑使用发光二极管 D1、D2 来做秒指示，按 1Hz 频率闪烁。当进入调试模式后，闪烁频率变为 10Hz。

2. 程序实现

```
#include "stm32f10x.h"

uint8_t Hour=0,Min=0,Sec=0;
uint16_t counterMax=20;
#define S1    0xe
#define S2    0xd
#define S3    0xb
#define S4    0x7

void delay_ms(uint16_t ms)
{
    uint16_t i;
    for(;ms>0;ms--)
        for(i=50000;i>0;i--);
}

void KEY_config(void)
{
    GPIO_InitTypeDef gpio;
    RCC_APB2PeriphClockCmd(RCC_APB2Periph_GPIOC,ENABLE);
    gpio.GPIO_Mode = GPIO_Mode_IPU ;
    gpio.GPIO_Pin = GPIO_Pin_0 | GPIO_Pin_1 | GPIO_Pin_2 | GPIO_Pin_3;
    GPIO_Init(GPIOC,&gpio);
}

void LED_config(void)
{
    GPIO_InitTypeDef gpio;
    RCC_APB2PeriphClockCmd(RCC_APB2Periph_GPIOA,ENABLE);
    gpio.GPIO_Mode = GPIO_Mode_Out_PP ;
    gpio.GPIO_Pin = GPIO_Pin_0 | GPIO_Pin_1;
    gpio.GPIO_Speed = GPIO_Speed_2MHz;
    GPIO_Init(GPIOA,&gpio);
}

void SEG_config(void)
{
    GPIO_InitTypeDef gpio;
    RCC_APB2PeriphClockCmd(RCC_APB2Periph_AFIO  |  RCC_APB2Periph_GPIOB  |  RCC_
APB2Periph_GPIOE,ENABLE);
```

```
        GPIO_PinRemapConfig(GPIO_Remap_SWJ_JTAGDisable,ENABLE);
        gpio.GPIO_Mode = GPIO_Mode_Out_PP;
        gpio.GPIO_Speed = GPIO_Speed_2MHz ;
        GPIOB->ODR &= 0xff00;
        gpio.GPIO_Pin = GPIO_Pin_0 | GPIO_Pin_1 | GPIO_Pin_2 | GPIO_Pin_3 |
                        GPIO_Pin_4 | GPIO_Pin_5 | GPIO_Pin_6 | GPIO_Pin_7;
        GPIO_Init(GPIOB,&gpio);
        gpio.GPIO_Pin = GPIO_Pin_12 | GPIO_Pin_13 | GPIO_Pin_14 | GPIO_Pin_15;
        GPIO_Init(GPIOE,&gpio);
}

void SEG_disp(uint16_t hour,uint16_t min)
{
        const uint16_t bitCode[] = {GPIO_Pin_12,GPIO_Pin_13,
                                    GPIO_Pin_14,GPIO_Pin_15};
        const uint8_t dispCode[] = {0xC0,0xF9,0xA4,0xB0,0x99,0x92,0x82,
                                    0xF8,0x80,0x90,0x88,0x83,0xC6,0xA1,
                                    0x86,0x8E,0xFF};
        static uint8_t count=0;
        GPIOE->ODR &= 0x0fff;
        switch(count)
        {
            case 0:
                GPIO_Write(GPIOB,dispCode[hour/10]);
                break;
            case 1:
                GPIO_Write(GPIOB,dispCode[hour%10]);
                break;
            case 2:
                GPIO_Write(GPIOB,dispCode[min/10]);
                break;
            case 3:
                GPIO_Write(GPIOB,dispCode[min%10]);
                break;
        }

        GPIO_Write(GPIOE,bitCode[count]);
        count++;
        count %= 4;
}

void TIM_config(void)
{
        TIM_TimeBaseInitTypeDef tim;
        RCC_APB1PeriphClockCmd(RCC_APB1Periph_TIM2,ENABLE);
        tim.TIM_CounterMode = TIM_CounterMode_Up;
        tim.TIM_Prescaler = 719;
        tim.TIM_Period = 4999;
        TIM_TimeBaseInit(TIM2,&tim);
        TIM_ITConfig(TIM2,TIM_IT_Update,ENABLE);
}

void NVIC_config(void)
{
```

```
        NVIC_InitTypeDef nvic;
        nvic.NVIC_IRQChannel = TIM2_IRQn;
        nvic.NVIC_IRQChannelCmd = ENABLE;
        nvic.NVIC_IRQChannelPreemptionPriority = 0;
        nvic.NVIC_IRQChannelSubPriority = 0;
        NVIC_Init(&nvic);
    }

    uint8_t KEY_scan(void)
    {
        uint8_t rtl = 0xff;
        if((GPIO_ReadInputData(GPIOC)&0xf) != 0xf)
        {
            delay_ms(10);
            if((GPIO_ReadInputData(GPIOC)&0xf) != 0xf)
            {
                rtl = GPIO_ReadInputData(GPIOC)&0xf;
                while((GPIO_ReadInputData(GPIOC)&0xf) != 0xf);
            }
        }
        return rtl;
    }

    int main(void)
    {
        KEY_config();
        SEG_config();
        TIM_config();
        NVIC_config();
        LED_config();
        while(1)
        {
            SEG_disp(Hour,Min);
            switch(KEY_scan())
            {
                case S1:
                    Hour ++;
                    Hour %= 24;
                    break;
                case S2:
                    Min ++;
                    Min %= 60;
                    break;
                case S3:
                    if(counterMax == 20)
                    {
                        counterMax = 2;
                    }
                    else
                    {
                        counterMax = 20;
                    }
                    break;
                case S4:
                    break;
            }
        }
```

```
        }
    void TIM2_IRQHandler(void)
    {
        static uint16_t count=0;
        static uint8_t flag = 0;
        TIM_ClearITPendingBit(TIM2,TIM_IT_Update);
        count ++;
        if(count > counterMax)
        {
            count = 0;
            Sec++;
            if(Sec > 59)
            {
                Sec = 0;
                Min ++;
                if(Min > 59)
                {
                    Min = 0;
                    Hour ++;
                    if(Hour > 23)
                    {
                        Hour = 0;
                    }
                }
            }
        }

        if((count == 0) || (count == (counterMax>>1)))
        {
            if(flag)
            {
                flag = 0;
                GPIO_ResetBits(GPIOA,GPIO_Pin_0|GPIO_Pin_1);
            }
            else
            {
                flag = 1;
                GPIO_SetBits(GPIOA,GPIO_Pin_0|GPIO_Pin_1);
            }
        }
    }
```

3.6 总结

通过完成本项目中任务，可以在巩固数码管及按键使用的基础上，掌握 STM32 通用功能定时器及外部中断的知识。定时器及中断的引入，使得程序变得更加灵活。程序的执行，不再是仅在主函数中按照 C 语言控制语句的要求进行跳转。定时器的功能非常多，计时只是定时器最基本的功能，但是其他功能都需要在计时的基础上才能实现，因此熟练掌握计时的用法，对于后续的学习有非常大的帮助。

学习巩固与考核

	笔记：

1. 拓展任务 3-2 秒表的功能。要求增加计次的功能（即可记录多个按下停止键的时间），最多记录 8 次，并支持查询 8 次按下停止键的时间。
 	
  1.1 画出 STM32 按键部分的电路原理图。
 	
  1.2 编写程序(可直接调用 SEG_disp(uint16_t num)函数完成数码管的显示)。	

1.3　调试中是否遇到了问题？遇到了什么问题？是怎么解决的？

2．拓展任务 3-4 数字时钟的功能。要求增加闹钟功能，最多设置 4 组闹钟。当达到闹钟设定时间时，8 个 LED 灯闪烁。

　　2.1　编写程序。

笔记：

2.2　调试中是否遇到了问题？遇到了什么问题？是怎么解决的？	
3.　篮球比赛中进攻时间通常限定为 24s，且该时间在篮球触碰到篮筐后重新计算。若超过 24s 未进球或未触碰到篮筐，则判定违例。假定两个篮筐上安装了触碰传感器，分别连接到 PC2 和 PC3，请在项目 2 篮球赛计分器的基础上，增加 24s 计时功能。 　　3.1　编写程序。	笔记：

3.2 调试中是否遇到了问题？遇到了什么问题？是怎么解决的？	
考核评价： 教师评价：	项目学习心得体会：

小组评价：

项目4 简易电压表设计与实现

项目介绍		
项目描述		本项目介绍片上模/数转换器（ADC）的用法。ADC 在实际工程中使用广泛，掌握 ADC 的用法具有非常重要的意义。简易电压表是 ADC 最简单的应用，要求完成对 DC 3.3V 以内的电压进行测量，并将电压值显示在数码管上的功能，测量误差≤0.05V，测量时间≤0.5s。 本项目分为 3 个任务： 任务 4-1：使用电位器对 LED 灯亮灭数量进行控制 任务 4-2：在数码管上显示小数 任务 4-3：实现简易电压表
学习目标	知识目标	1. 掌握片上 ADC 及其中断的使用及调试方法； 2. 掌握在数码管上显示浮点数的方法
	能力目标	1. 掌握 ADC 的基本分类； 2. 掌握逐次比较型 ADC 的工作原理； 3. 了解 ADC 的主要参数； 4. 了解片上 ADC 的性能指标； 5. 掌握在数码管上显示浮点数的原理
	素养目标	1. 了解 STM32 的编程规范； 2. 学会团结协作，同学之间互相查缺补漏； 3. 学会查找最新器件相关资料
项目准备		1. 学习开发套件 1 套； 2. 配套教材 1 本； 3. 计算机 1 台

4.1 电压采集的意义

电压是最常见的物理量之一，测量电压通常使用万用表的电压测量挡。传统模拟万用表是利用励磁绕组通电获得电磁力而使指针偏转，进而指示出电压值的。随着技术的不断发展，数字测量技术精度、速度的提升，除一些特定的应用场景，数字仪表逐渐成为测量的首选工具。在使用数字仪表测量模拟量时，必须经过模拟信号到数字信号的转换，完成这一转换的电路就称为模/数转换电路。在实际使用时，通常使用具有模/数转换功能的器件，这一类器件被称为模/数转换器（Analog to Digital Converter，ADC）。

不仅是测量电压，在实际测量过程中，还有很多物理量最终都是通过转变成电压来测量的。例如，热敏电阻在温度不同时呈现的电阻值也不同，通过分压电路，可以将温度的变化转化为电压的变化，通过测量电压即可完成对温度的检测。

4.2　ADC 分类、原理及性能参数

模/数转换器（ADC）最早出现在数字电路课程中，其功能就是将模拟信号转变为数字信号，是模拟信号与数字信号之间的重要桥梁。

4.2.1　常见 ADC 的分类及其原理

常见的 ADC 主要分为逐次比较型、双积分型、Σ-Δ 型，每种类型的 ADC 都有其特点，能够满足实际测量任务中的某种特殊要求。

逐次比较型 ADC 转换速度快，但精度高成本也高。双积分型 ADC 结构简单、抗干扰能力强，转换速度一般，但能够测量双极性信号。Σ-Δ 型 ADC 转换速度最慢，但通常位数较多，转换精度高。

逐次比较型 ADC 是目前最常用的类型之一，其内部结构简单，转换速度快，能够满足大多数模/数转换的要求。逐次比较型 ADC 主要由 DAC（数/模转换器）、比较器、采样电路和必要控制电路组成。其完成模/数转换的原理是由 DAC 按照二分思想产生特定电压，与被测电压进行比较，每进行一次比较，DAC 产生的电压就越来越接近被测电压，因此称为逐次比较或逐次逼近型 ADC。

双积分型 ADC 属于间接型 ADC，其原理是先对输入采样电压和基准电压进行两次积分，以获得与采样电压平均值成正比的时间间隔，同时在这个时间间隔内，用计数器对标准时钟脉冲（CP）计数，计数器输出的计数结果就是对应的数字量。

Σ-Δ 型 ADC 不是对信号幅度进行直接编码的，而是根据前一次采样值与后一次采样值之差（增量）进行量化编码的，通常采用一位量化器，利用过采样和 Σ-Δ 调制技术来获得极高的分辨率。Σ-Δ 型 ADC 三大关键技术为：过采样、噪声整形、数字滤波和采样抽取。由于涉及复杂的数字信号处理，其具体实现原理省略。

4.2.2　ADC 的性能参数

性能参数是衡量 ADC 好坏的重要指标，是进行器件选型的重要依据。ADC 的主要性能参数包括分辨率、量化误差、转换时间、偏移误差、满刻度误差等。在进行选型时，首先关注的性能参数就是分辨率和转换时间。

分辨率通常使用二进制数描述，一般 ADC 都会注明是 8 位（bit）、10 位、16 位的等。ADC 将模拟量转换为对应位数的二进制数，例如，被测电压范围为 0～5V，那么 8 位 ADC 的最小刻度就是 5V/256≈0.0195V。被测电压范围一定时，位数越高，最小刻度越小，精度越高。

转换时间是指 ADC 开始进行模/数转换到转换完成的时间。将该时间取倒数，则得到转换频率，也可以用来描述转换速度。转换时间将决定 ADC 能否完成采样任务。例如，本任务要求测量时间小于 0.5s，如果选择的 ADC 的转换时间大于 0.5s，那么就不能达到任务要求的性能指标。

偏移误差、满刻度误差等参数，一般是在第一轮选型之后再对比这些参数。在一些要求不高的情形下，选型时不需要关注这些参数。

此外，选型时还要关注通信接口，ADC 转换完成后，通过什么方式将数字量传递到微控制器也是非常重要的。

4.3　片上 ADC 的使用

4.3.1　片上 ADC 的典型性能参数

STM32F103 系列微控制器片上集成了 3 个 12 位 ADC，共享 21 个模拟输入通道。其典型性能参数如下：

- 12 位分辨率；
- 转换完成中断；
- 连续转换模式、单次转换模式；
- 扫描模式；
- 可编程采样时间；
- 转换时间最短为 1μs；
- 电源范围为 2.4～3.6V；
- 输入范围：$V_{REF-} \leqslant V_{IN} \leqslant V_{REF+}$。

STM32 片上集成 ADC 的性能相对于 ADC0809 之类 ADC 的性能要强劲得多，甚至在一些电机控制场合，也可以直接使用片上 ADC，可大大降低产品的成本，同时也节省了 PCB 面积，减小了产品尺寸。

4.3.2　片上 ADC 的基本功能

初学 STM32 片上 ADC 时，可以从最简单的模式开始，对于连续转换模式、扫描模式、双 ADC 模式、注入模式等高级功能，建议在熟悉了基本功能之后再使用，而基本功能则为单次转换模式。

在使用 ADC 时，需要特别注意其时钟（ADCCLK）频率，其最高频率不能超过 14MHz。在系统时钟频率为 72MHz 时，可以使用 ADC 分频器进行六分频，可得到频率为 12MHz 的 ADCCLK；当系统时钟频率为 56MHz 时，使用分频器进行四分频，可得到最大频率为 14MHz 的 ADCCLK。因此，在系统时钟频率为 56MHz 时，ADC 将达到最快转换速度。

此外，由于 ADC 的输入使用的是 GPIO 引脚，因此，需要先对 GPIO 进行配置，使其工作在模拟输入模式，即 GPIO_Mode_AIN。

对 ADC 的初始化使用的结构体为 ADC_InitTypeDef，其定义如下：

```
typedef struct
{
    uint32_t ADC_Mode;
    FunctionalState ADC_ScanConvMode;
    FunctionalState ADC_ContinuousConvMode;
    uint32_t ADC_ExternalTrigConv;
    uint32_t ADC_DataAlign;
    uint8_t ADC_NbrOfChannel;
}ADC_InitTypeDef;
```

其中，ADC_Mode 设置 ADC 的工作模式。固件库文档中列举了 10 种工作模式，如图 4-1 所示，最基础的模式为 ADC_Mode_Independent，独立工作模式。

Defines

#define	**ADC_Mode_AlterTrig**	((uint32_t)0x00090000)
#define	**ADC_Mode_FastInterl**	((uint32_t)0x00070000)
#define	**ADC_Mode_Independent**	((uint32_t)0x00000000)
#define	**ADC_Mode_InjecSimult**	((uint32_t)0x00050000)
#define	**ADC_Mode_InjecSimult_FastInterl**	((uint32_t)0x00030000)
#define	**ADC_Mode_InjecSimult_SlowInterl**	((uint32_t)0x00040000)
#define	**ADC_Mode_RegInjecSimult**	((uint32_t)0x00010000)
#define	**ADC_Mode_RegSimult**	((uint32_t)0x00060000)
#define	**ADC_Mode_RegSimult_AlterTrig**	((uint32_t)0x00020000)
#define	**ADC_Mode_SlowInterl**	((uint32_t)0x00080000)
#define	**IS_ADC_MODE**(MODE)	

图 4-1 ADC 的 10 种工作模式

ADC_ScanConvMode，该域的类型为 FunctionalState，因此该域用来设置是否启用扫描模式。使用 ADC 基本功能时，仅对一路输入电压进行采集，不会涉及扫描模式，因此该域可设为 DISABLE。

ADC_ContinuousConvMode，该域的类型同样是 FunctionalState，用于设置是否启用连续转换模式。在需要对同一通道进行多次采样时，可以考虑启用该功能。初次使用时，不建议启用连续采样，因此该域可设为 DISABLE。

ADC_ExternalTrigConv，该域用于选定外部触发 ADC 开始转换的信号，通常定时器、外部中断等一些信号可以用于触发 ADC 转换。在应用不熟练时，可直接使用软件触发的方式，因此，该域可设置为无外部触发 ADC_ExternalTrigConv_None。

ADC_DataAlign，数据对齐方式。由于片上 ADC 是 12 位的，C 语言没有 12 位的数据类型，比较接近的是 8 位和 16 位的。如果使用 8 位数据类型，就会有 4 位数据丢失，相当于 ADC 不再有 12 位精度，因此非常不可取。使用 16 位数据类型时，12 位数据将由 ADC 转换值填充，另外还有 4 位使用 0 填充。将 4 个 0 填充在最高 4 位时，称为右对齐；填充在最低 4 位时，称为左对齐。右对齐的方式在实际使用中更常见，因此该域可设置为 ADC_DataAlign_Right。

ADC_NbrOfChannel，转换通道数。有多个通道需要转换时，直接设置数字即可。

完成配置之后，ADC 便按照设定的模式工作。在启动之前需要先设置待转换通道，然后可使用 ADC_SoftwareStartConvCmd 函数触发 ADC 转换，转换完成后，会有转换完成标志信息，当转换完成标志位置位后，即可读取转换值。这 4 个步骤经常封装成一个函数，便于在使用时灵活切换转换通道，其代码如下：

```
uint16_t ADC_read(uint8_t channel)
{
    //通过参数设定转换通道 channel，并指定采样时间为 55.5 个 ADCCLK 周期
    ADC_RegularChannelConfig (ADC1,channel,1,ADC_SampleTime_55Cycles5);
    ADC_SoftwareStartConvCmd(ADC1,ENABLE);//启动 ADC1 转换
    while(!ADC_GetFlagStatus(ADC1,ADC_FLAG_EOC));//等待转换完成标志位置位
    return ADC_GetConversionValue(ADC1);//读取转换值并返回
}
```

函数返回值为 16 位无符号整数，其值是将被测电压值量化后的结果，该量化值与实际的模拟电压存在一一对应的关系，仅需通过简单计算，即可还原成电压值。当参考电压为 3.3V 时，由于片上 ADC 分辨率为 12 位，也就是将 3.3V 电压等分成 2^{12} 等份，每份电压值约为 0.0008V。ADC_read 函数的返回值乘以 0.0008V，即得到实际被测模拟电压值。

4.3.3　片上 ADC 的中断

片上 ADC 共有 3 个中断源，分别是规则转换完成中断、注入转换完成中断和模拟看门狗中断，其中使用得最多的就是规则转换完成中断。在 ADC_read 函数中，使用 while 语句不断查询标志位，当标志位置位时，程序即可继续向下运行，这是典型的查询方式。如果希望提供 CPU 的使用效率，可采用中断模式，在 ADC 转换的过程中，CPU 仍可执行多条指令。当转换完成，标志位置位时，将触发 ADC 中断，在中断服务函数中，读取出转换值即可。

在使用规则转换完成中断时，其基本步骤和使用外部中断、定时器中断类似，需要先使外设资源允许中断，然后设置中断控制器 NVIC，最后编写中断服务函数。带中断使能及 NVIC 配置的 ADC 初始化函数代码如下：

```
void ADC_configInt(void)
{
ADC_InitTypeDef adc;
NVIC_InitTypeDef nvic;
    RCC_APB2PeriphClockCmd(RCC_APB2Periph_ADC1,ENABLE);    //使能 ADC1 时钟
    RCC_ADCCLKConfig(RCC_PCLK2_Div6);                      //六分频
    adc.ADC_ContinuousConvMode = DISABLE;                 //不使能连续转换模式
    adc.ADC_DataAlign = ADC_DataAlign_Right;              //数据右对齐
    adc.ADC_ExternalTrigConv = ADC_ExternalTrigConv_None; //无外部触发
    adc.ADC_Mode = ADC_Mode_Independent;                  //独立模式
    adc.ADC_NbrOfChannel = 1;                             //1 个转换通道
    adc.ADC_ScanConvMode = DISABLE;                       //不使能扫描模式
    ADC_ITConfig(ADC1, ADC_IT_EOC,ENABLE);                //使能规则转换完成中断
    ADC_Init(ADC1,&adc);                                  //初始化 ADC1
    ADC_Cmd(ADC1,ENABLE);                                 //使能 ADC1
    nvic.NVIC_IRQChannel = ADC1_2_IRQn;
    nvic.NVIC_IRQChannelCmd = ENABLE;
    nvic.NVIC_IRQChannelPreemptionPriority = 0;
    nvic.NVIC_IRQChannelSubPriority = 0;
    NVIC_Init(&nvic);
}
```

在 ADC 中断服务函数中，将转换值读取到全局变量 ADCValue，其代码如下：

```
void ADC1_2_IRQHandler(void)
{
    ADC_ClearITPendingBit(ADC1,ADC_IT_EOC);              //清除中断标志位
    ADCValue = ADC_GetConversionValue (ADC1);            //读取 ADC1 的转换值
}
```

任务 4-1　使用电位器对 LED 灯亮灭数量进行控制

1. 任务目标

被点亮的 LED 灯数量由电位器中间抽头所处位置决定，中间抽头越靠近电源，被点亮的 LED 灯数量就越多。

2. 电路分析

电位器部分电路图如图 4-2（b）所示，电位器的中间抽头经过排针 P15 后，连接到 POT_ANALOG。当中间抽头处于不同位置时，POT_ANALOG 节点的电压将不同，抽头越靠

上，电压越大，反之电压越小。

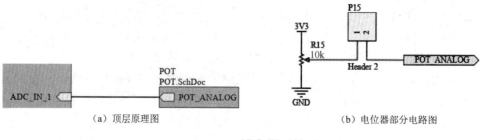

（a）顶层原理图　　　　　　　　　　　　（b）电位器部分电路图

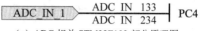

（c）ADC 相关 STM32F103 部分原理图

图 4-2　ADC 部分原理图

根据顶层原理图（图 4-2（a））和 ADC 相关 STM32F103 部分原理图（图 4-2（c）），可以确定电位器中间抽头连接到了 STM32F103 的 PC4 口。查询其数据手册，如图 4-3 所示，PC4 的复用功能为 ADC12_IN14，其意义是 ADC1 或 ADC2 的第 14 输入通道。因此，在编写程序时，应针对该通道进行编程。

PC4	I/O	-	PC4	ADC12_IN14

图 4-3　PC4 引脚功能

3. 程序实现

```
#include "stm32f10x.h"

void LED_config(void)
{
    GPIO_InitTypeDef gpio;
    RCC_APB2PeriphClockCmd(RCC_APB2Periph_GPIOA,ENABLE);
    gpio.GPIO_Mode = GPIO_Mode_Out_PP;
    gpio.GPIO_Pin = GPIO_Pin_0 | GPIO_Pin_1 | GPIO_Pin_2 | GPIO_Pin_3 |
                    GPIO_Pin_4 | GPIO_Pin_5 | GPIO_Pin_6 | GPIO_Pin_7;
    GPIO_Init(GPIOA,&gpio);
}

void ADC_GPIO_config(void)
{
    GPIO_InitTypeDef gpio;
    RCC_APB2PeriphClockCmd(RCC_APB2Periph_GPIOC,ENABLE);
    gpio.GPIO_Mode = GPIO_Mode_AIN;
    gpio.GPIO_Pin = GPIO_Pin_4;
    GPIO_Init(GPIOC,&gpio);
}

void ADC_config(void)
{
    ADC_InitTypeDef adc;
    RCC_APB2PeriphClockCmd(RCC_APB2Periph_ADC1,ENABLE);    //使能 ADC1 时钟
    RCC_ADCCLKConfig(RCC_PCLK2_Div6);                      //六分频
```

```
        adc.ADC_ContinuousConvMode = DISABLE;                    //不使能连续转换模式
        adc.ADC_DataAlign = ADC_DataAlign_Right;                 //数据右对齐
        adc.ADC_ExternalTrigConv = ADC_ExternalTrigConv_None;   //无外部触发
        adc.ADC_Mode = ADC_Mode_Independent;                    //独立模式
        adc.ADC_NbrOfChannel = 1;                              //1 个转换通道
        adc.ADC_ScanConvMode = DISABLE;                        //不使能扫描模式
        ADC_Init(ADC1,&adc);                                  //初始化 ADC1
        ADC_Cmd(ADC1,ENABLE);                                 //使能 ADC1
}

int main(void)
{
        uint16_t adcValue;
        const uint8_t LED_CODE[]={0xff,0xfe,0xfc,0xf8,0xf0,
                                  0xe0,0xc0,0x80,0x00};
        ADC_config();
        while(1)
        {
                ADC_RegularChannelConfig(ADC1,
                                        ADC_Channel_14,
                                        1,
                                        ADC_SampleTime_55Cycles5);

                ADC_SoftwareStartConvCmd(ADC1,ENABLE);
                while(ADC_GetFlagStatus(ADC1,ADC_FLAG_EOC) == 0);
                adcValue = ADC_GetConversionValue(ADC1);
                GPIO_Write(GPIOA,LED_CODE[adcValue/8]);
        }
}
```

4.4　在数码管上显示小数的方法

电压值通常包含小数，如 1.25V、3.3V 等，那么在数码管上应该如何显示小数呢？

在计算机系统中，小数通常以定点数（小数点位置确定）或浮点数（小数点位置不确定）的形式存储。要在数码管上显示小数，最常用的方法是使用类似定点数的思想。如果精度为 0.01，则可确定为 2 位定点小数。按这种标定形式，则可认为 125 对应的定点小数为 1.25，330 对应的定点小数为 3.30。

因此，在需要在数码管上显示小数时，其参数可继续使用整数类型，但在数码管显示函数中，将默认点亮第 3 位数码管的 dp 点。当以 100 为显示函数参数时，数码管显示的值为 "1.00"，以此达到显示两位小数的目的。

任务 4-2　在数码管上显示小数

1. 任务目标

编写 SEG_dispFloat 函数，其参数类型为 uint16_t，要求数码管的显示内容为参数值除以 100（小数点左移 2 位），例如，参数值为 100 时，数码管显示 "1.00"；参数值为 330 时，数码管显示 "3.30"。

嵌入式技术应用项目式教程（STM32 版）

2．电路分析

显示小数，归根结底还是对数码管的显示控制。数码管部分原理图如图 4-4 所示。开发板上所使用的数码管为共阳极数码管，其公共阳极通过 NPN 型晶体管控制，如图 4-4（b）所示。数码管的每一段由 PB 口控制。

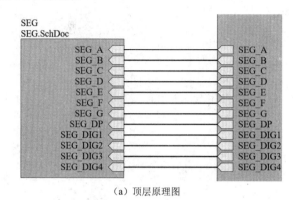

（a）顶层原理图

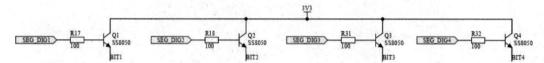

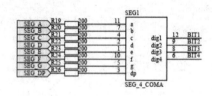

（b）按键部分原理图

（c）数码管相关 STM32F103 部分原理图

图 4-4　数码管部分原理图

3．程序实现

```
#include "stm32f10x.h"

void ADC_GPIO_config(void)
{
    GPIO_InitTypeDef gpio;
    RCC_APB2PeriphClockCmd(RCC_APB2Periph_GPIOC,ENABLE);
    gpio.GPIO_Mode = GPIO_Mode_AIN;
    gpio.GPIO_Pin = GPIO_Pin_4;
```

72

```
        GPIO_Init(GPIOC,&gpio);
    }

    void SEG_config(void)
    {
        GPIO_InitTypeDef gpio;
        RCC_APB2PeriphClockCmd(RCC_APB2Periph_AFIO | RCC_APB2Periph_GPIOB | RCC_
APB2Periph_GPIOE,ENABLE);
        GPIO_PinRemapConfig(GPIO_Remap_SWJ_JTAGDisable,ENABLE);
        gpio.GPIO_Mode = GPIO_Mode_Out_PP;
        gpio.GPIO_Pin = GPIO_Pin_0 | GPIO_Pin_1 | GPIO_Pin_2 | GPIO_Pin_3 |
                        GPIO_Pin_4 | GPIO_Pin_5 | GPIO_Pin_6 | GPIO_Pin_7;
        GPIO_Init(GPIOB,&gpio);
        gpio.GPIO_Pin = GPIO_Pin_12 | GPIO_Pin_13 | GPIO_Pin_14 | GPIO_Pin_15;
        GPIO_Init(GPIOE,&gpio);
    }
    void SEG_dispFloat(uint16_t data)
    {
        const uint16_t bitCode[] = {GPIO_Pin_12,GPIO_Pin_13,
                                    GPIO_Pin_14,GPIO_Pin_15};
        const uint8_t dispCode[] = {0xC0,0xF9,0xA4,0xB0,0x99,0x92,0x82,
                                    0xF8,0x80,0x90,0x88,0x83,0xC6,0xA1,
                                    0x86,0x8E,0xFF};
        static uint8_t count=0;
        GPIOE->ODR &= 0x0fff;
        switch(count)
        {
            case 0:
                GPIO_Write(GPIOB,dispCode[data/1000]);
                break;
            case 1:
                GPIO_Write(GPIOB,dispCode[data/100%10]);
                break;
            case 2:
                GPIO_Write(GPIOB,dispCode[data/10%10] & 0x7f);
                break;
            case 3:
                GPIO_Write(GPIOB,dispCode[data%10]);
                break;
        }

        GPIO_Write(GPIOE,bitCode[count]);
        count++;
        count %= 4;
    }

    int main(void)
    {
        SEG_config();
        while(1)
        {
            SEG_dispFloat(330);
        }
    }
```

任务 4-3 实现简易电压表

简易电压表

1. 任务目标

测量被测点电压（可用继电器中间抽头电压代替），并将电压值显示在数码管上，测量误差≤0.05V，测量时间≤0.1s。

2. 电路分析

电位器部分电路图如图 4-2（b）所示，电位器的中间抽头经过排针 P15 后，连接到 POT_ANALOG。当中间抽头处于不同位置时，POT_ANALOG 节点的电压将不同，抽头越靠上，电压越大，反之电压越小。

根据顶层原理图（图 4-2（a））和 ADC 相关 STM32F103 部分原理图（图 4-2（c）），可以确定电位器中间抽头连接到了 STM32F103 的 PC4 口。查询其数据手册，如图 4-3 所示，PC4 的复用功能为 ADC12_IN14，其意义是 ADC1 或 ADC2 的第 14 输入通道。因此，在编写程序时，应针对该通道进行编程。

3. 程序流程图

简易电压表程序流程图如图 4-5 所示。

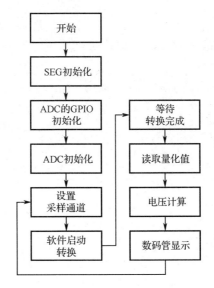

图 4-5 简易电压表程序流程图

程序开始时需将 ADC 用到的 GPIO 配置成模拟输入模式，并对 ADC 进行必要的初始化，对于控制数码管所用到的 GPIO，需要配置成推挽输出模式，以便控制数码管的显示信息。

采样通道的设置通常在开始转换前再执行一次，避免出现转换通道错误。读取到采样的量化值后，需要将量化值转变为电压值，并通过数码管显示。

4. 程序实现

```
#include "stm32f10x.h"

void ADC_GPIO_config(void)
{
    GPIO_InitTypeDef gpio;
    RCC_APB2PeriphClockCmd(RCC_APB2Periph_GPIOC,ENABLE);
    gpio.GPIO_Mode = GPIO_Mode_AIN;
    gpio.GPIO_Pin = GPIO_Pin_4;
    GPIO_Init(GPIOC,&gpio);
}

void ADC_config(void)
{
    ADC_InitTypeDef adc;
    RCC_APB2PeriphClockCmd(RCC_APB2Periph_ADC1,ENABLE);    //使能 ADC1 时钟
    RCC_ADCCLKConfig(RCC_PCLK2_Div6);                      //六分频
    adc.ADC_ContinuousConvMode = DISABLE;                  //不使能连续转换模式
    adc.ADC_DataAlign = ADC_DataAlign_Right;               //数据右对齐
    adc.ADC_ExternalTrigConv = ADC_ExternalTrigConv_None;  //无外部触发
    adc.ADC_Mode = ADC_Mode_Independent;                   //独立模式
    adc.ADC_NbrOfChannel = 1;                              //1 个转换通道
    adc.ADC_ScanConvMode = DISABLE;                        //不使能扫描模式
    ADC_Init(ADC1,&adc);                                   //初始化 ADC1
    ADC_Cmd(ADC1,ENABLE);                                  //使能 ADC1
}

void SEG_config(void)
{
    GPIO_InitTypeDef gpio;
    RCC_APB2PeriphClockCmd(RCC_APB2Periph_AFIO | RCC_APB2Periph_GPIOB | RCC_
APB2Periph_GPIOE,ENABLE);
    GPIO_PinRemapConfig(GPIO_Remap_SWJ_JTAGDisable,ENABLE);
    gpio.GPIO_Mode = GPIO_Mode_Out_PP;
    gpio.GPIO_Pin = GPIO_Pin_0 | GPIO_Pin_1 | GPIO_Pin_2 | GPIO_Pin_3 |
                    GPIO_Pin_4 | GPIO_Pin_5 | GPIO_Pin_6 | GPIO_Pin_7;
    GPIO_Init(GPIOB,&gpio);
    gpio.GPIO_Pin = GPIO_Pin_12 | GPIO_Pin_13 | GPIO_Pin_14 | GPIO_Pin_15;
    GPIO_Init(GPIOE,&gpio);
}

float ADC_sample(void)
{
    uint8_t i;
    uint32_t adcValue=0;
    //设置规则转换
    ADC_RegularChannelConfig(ADC1,                         //使用 ADC1 转换
    ADC_Channel_14,                                        //转换第 14 通道
    1,//转换 1 个通道
    ADC_SampleTime_55Cycles5);                             //采样 55.5 个 ADCCLK 周期
    for(i=0;i<3;i++)//循环 3 次
    {
        ADC_SoftwareStartConvCmd (ADC1,ENABLE);            //启动转换
        while(ADC_GetFlagStatus (ADC1,ADC_FLAG_EOC) == 0); //等待转换完成
        adcValue += ADC_GetConversionValue (ADC1);         //累加转换值
```

```
        }
        return adcValue / 3.0 * 0.0008;                    //求平均值并转换成电压值
    }

    void SEG_dispFloat(uint16_t data)
    {
        const uint16_t bitCode[] = {GPIO_Pin_12,GPIO_Pin_13,
                            GPIO_Pin_14,GPIO_Pin_15};
        const uint8_t dispCode[] = {0xC0,0xF9,0xA4,0xB0,0x99,0x92,0x82,
                            0xF8,0x80,0x90,0x88,0x83,0xC6,0xA1,
                            0x86,0x8E,0xFF};
        static uint8_t count=0;
        GPIOE->ODR &= 0x0fff;
        switch(count)
        {
            case 0:
                GPIO_Write(GPIOB,dispCode[data/1000]);
                break;
            case 1:
                GPIO_Write(GPIOB,dispCode[data/100%10]);
                break;
            case 2:
                GPIO_Write(GPIOB,dispCode[data/10%10] & 0x7f);
                break;
            case 3:
                GPIO_Write(GPIOB,dispCode[data%10]);
                break;
        }

        GPIO_Write(GPIOE,bitCode[count]);
        count++;
        count %= 4;
    }

    int main(void)
    {
        float volt;
        ADC_GPIO_config();
        ADC_config();
        SEG_config();
        while(1)
        {
            volt = ADC_sample();
            SEG_dispFloat((uint16_t)(volt * 100));
        }
    }
```

4.5 总结

本项目学习了片上 ADC 的单次转换模式的使用方法，并介绍了一种在数码管上显示浮点数的方法。ADC 在实际项目中使用得非常多，掌握片上 ADC 的基本功能和使用方法，能够在开发时降低成本，提高开发效率。当片上 ADC 无法满足采样需求时，则需要根据 ADC 的参数进行选型。进行选型前，必须充分分析采样需求，避免出现选型不合适而引起的成本过高或功能无法实现的问题。

学习巩固与考核

	笔记：
1．根据所学知识，编写 SEG_dispFloat 函数，要求当参数值大于 1000 时，在第 4 位数码管上显示负号"-"，其他位显示要求与任务 4-2 相同。当参数值小于 1000 时，其他位显示要求也与任务 4-2 相同。 　1.1　编写程序（只编写 SEG_dispFloat 函数）。 　1.2　调试中是否遇到了问题？遇到了什么问题？是怎么解决的？	

2. 晨昏灯是一种根据环境光照情况，自动控制照明灯亮灭的照明设备，其核心检测元器件为光敏电阻（光照不同，呈现出的阻值不同）。根据所学的知识，设计晨昏灯。照明灯用任意 LED 灯代替。

2.1　画出晨昏灯光照检测部分电路原理图（提示：串联分压）。

2.2　编写程序（只编写主函数）。

2.3 调试中是否遇到了问题？遇到了什么问题？是怎么解决的？	笔记：
考核评价：	项目学习心得体会：
教师评价：	

小组评价：

项目 5　Modbus-RTU 通信协议设计与实现

项目介绍		
项目描述		本项目介绍 UART，以及一种在工业领域广泛应用的通信协议——Modbus-RTU。UART 是一种标准的串行通信接口，无论是模块与 MCU 的通信，还是 MCU 与 PC 的通信，或者是 MCU 与 MCU 的通信，UART 都是一种适合的通信方式。 　　Modbus-RTU 是一种能够在 UART 基础上实现的通信协议，简单高效是其最重要的特点。本项目要求实现一个 Modbus-RTU 从站，能够正确响应协议中的 03、06、16 功能码，能够使用 Modbus 测试工具软件（ModScan 等）完成对寄存器的读、写操作。 　　本项目分为 3 个任务： 　　任务 5-1：STM32 发送"hello"到 PC 　　任务 5-2：PC 控制数码管显示 　　任务 5-3：实现支持 03、06 功能码的 Modbus-RTU 从站
教学目标	知识目标	1. 掌握片上 UART 的基本原理； 2. 了解 RS-232、RS-485、RS-422 的特点； 3. 掌握通信协议的原理； 4. 了解 Modbus-RTU 协议及其机制
	能力目标	1. 能编写程序使用 UART 及其中断； 2. 能使用常用串口调试软件； 3. 能制定简易通信协议并编写代码实现； 4. 能编写 Modbus-RTU 03、06、16 功能字代码
	素养目标	1. 了解 STM32 的编程规范； 2. 学会团结协作，同学之间互相查缺补漏； 3. 学会查找最新器件相关资料
项目准备		1. 学习开发套件 1 套； 2. 配套教材 1 本； 3. 计算机 1 台

5.1　UART 概述

　　UART 的全称为通用异步接收发送设备（Universal Asynchronous Receiver/Transmitter），是异步串行通信的代表，也是使用频率最高的通信方式之一。

5.1.1 串行通信与并行通信

串行通信是相对于并行通信而言的，并行通信也是一种非常常见的通信方式，如图 5-1 所示。并行通信中包括多条双向数据线，以及若干条用于确保通信同步的控制线。数据线的数量通常与微控制器的内部总线结构存在一定关系，8 位的 MCS-51 单片机其并行总线有 8 条数据线，而 32 位的 STM32F103 却只有 16 条数据线。因此，数据线的数量不等于微控制器的位数。

并行通信最大的优势在于通信速度快，一次数据交换就能传输 1 个字节甚至多个字节的数据。连线多带来了好处也带来了问题，用于板内通信（PCB 内通信）时，连线多增加了 PCB 的绘制难度；用于板间通信时，通信线的成本过高。

串行通信（见图 5-2）最大的优势就是所需要的连接线少，以异步通信为例，如只需要接收功能或发送功能，则只需要一条通信线。如果是同步串行通信，则需要增加一条同步时钟线。

随着微控制器的主频越来越高，串行通信的速度也已今非昔比，除 UART 以外，USB、SPI、I²C 等都属于串行通信。在速度要求不是特别高的场合，串行通信已逐渐成为首选。

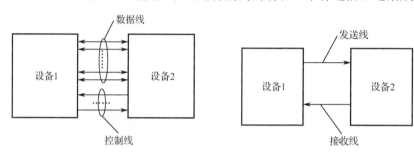

图 5-1　并行通信示意图　　　　　图 5-2　串行通信示意图

5.1.2 UART 的主要指标

串行通信可分为单工、半双工和全双工 3 种模式。单工模式是指只能发送或者只能接收数据。半双工模式是指具备发送和接收的能力，但是在任意时刻只能工作在发送模式或者接收模式，两种模式不能同时存在。全双工模式则是指具备发送和接收能力，而且可以同时发送、接收数据。

（1）波特率。串行通信的速率可以使用波特率进行描述，其单位为位每秒（bits per second，bps）。同步串行通信可以依靠同步时钟信号，在同步节拍下，通过发送线发送数据；或者在同步节拍下，从接收线读取数据。异步通信没有同步时钟，通信设备间先约定波特率，即确定每位数据在数据线上持续的时间，发送或接收时按照该时间进行传输。UART 常见的波特率为 9600bps、19200bps、38400bps、115200bps 等。

（2）数据长度。由于一个字节由 8 位二进制数组成，所以最常用的数据长度就是 8 位。在实际使用时，有时会采用 9 位数据长度，前 8 位为待传送字节，第 9 位为校验位。校验位的添加，是为了侦测数据在传输过程中由干扰导致的数据错误。

（3）起始位和停止位。停止位与起始位相对应。数据线空闲时，由发送端维持通信线为高电平。在数据开始传输前，会有一个低电平的起始位，该位的作用就是通知接收端，从此刻开始，每间隔一个波特率决定的时间，可以从数据线上读取一个位的数据。停止位的功能则是在数据发送完成后，持续 1 个位时间长度或者 2 个位时间长度，以表征该字节数据发送完成。1 位停止位使用得最多。

（4）校验位。对一个字节的数据进行校验的方法主要是奇校验和偶校验。奇、偶校验可以简单概括为：在一个字节内，判断 1 出现的次数是奇数还是偶数，如果是奇数，奇校验位为 1，偶检验位为 0；反之，奇校验位为 0，偶校验位为 1。由于奇、偶校验的侦错能力非常有限，在工程上使用时，更多采用 CRC 校验、和校验等侦错能力更强的校验方式。这些校验方式都是以 1 个字节甚至多个字节作为校验字节的，比 1 位的侦错效果要好。因此，在设置校验位时，通常设置为无校验。

在使用 UART 通信时，必须事先约定好通信格式，如 115200-8N1，其含义是波特率为 115200bps、8 位数据位、无校验、1 位停止位。

STM32F103 片上集成 5 个 USART/UART 单元，分别是 USART1、USART2、USART3、UART4、UART5。USART 相对于 UART 而言，增加了同步通信的功能，即增加了时钟同步信号。在工程应用中，USART 使用较少，但 STM32 的每个 USART 都可以作为 UART 使用，因此，STM32F103 相当于拥有多达 5 个 UART，可以满足绝大多数应用的需求。

STM32F103 片上 UART 的主要性能如下：

- 全双工模式；
- 可灵活配置波特率，最高为 4.5Mbps；
- 可编程数据长度（8 位或 9 位）；
- 可编程停止位（1 位或 2 位）；
- 独立的发送使能和接收使能；
- 3 种传输标志位：接收寄存器满、发送寄存器空、传输完成；
- 4 种错误监测标志位；
- 10 个中断源。

5.1.3　STM32 片上 USART/UART 的使用

UART 的初始化将使用 USART_Init 函数，该函数的参数中包含 USART_InitTypeDef 类型的结构体指针，与 GPIO 等外设的初始化类似，需要先定义结构体变量，根据需求对结构体变量的对应域进行赋值后，使用初始化函数进行初始化。结构体原型如下：

```
typedef struct
{
    uint32_t USART_BaudRate;
    uint16_t USART_WordLength;
    uint16_t USART_StopBits;
    uint16_t USART_Parity;
    uint16_t USART_Mode;
    uint16_t USART_HardwareFlowControl;
} USART_InitTypeDef;
```

（1）USART_BaudRate 用来指定波特率，直接赋值为所需要的波特率即可。

（2）USART_WordLength 用来指定数据长度，要设置为 8 位数据长度时，不可直接赋值为 8，而需要使用宏 USART_WordLength_8b，宏定义可查询固件库文档。

（3）USART_StopBits 用来指定停止位，当需要设置 1 位停止位时，需要使用宏 USART_StopBits_1。

（4）USART_Parity 用于指定校验位，设置为无校验时，赋值为 USART_Parity_No。

（5）USART_Mode 用于指定工作在发送模式还是接收模式，实际使用中更多的是同时具备发送模式和接收模式，因此该域在赋值时，需要将发送模式和接收模式用"或"符号连接后再赋值，代码如下所示：

```
USART_InitTypeDef uart;
uart.Mode = USART_Mode_Rx | USART_Mode_Tx;
```

（6）USART_HardwareFlowControl 用于指定硬件流控制的方式。在早期使用调制解调器（Modem）进行通信时，UART 除包含发送（TX）、接收（RX）等基本通信线外，还包含多条通信控制线，其中就包括硬件流控制的 RTS 和 CTS。现在硬件流控制使用得比较少，可以直接设置为无硬件流控制，其对应的宏为 USART_HardwareFlowControl_None。

由于 UART 的发送（TX）引脚和接收（RX）引脚映射在 GPIO 口，因此在初始化 UART 时需要先对 GPIO 口进行初始化。TX 引脚需要由 UART 的发送控制器控制，需要设置为 GPIO_Mode_AF_PP 模式，RX 引脚则配置为 GPIO_Mode_IN_FLOATING、GPIO_Mode_IPU 模式均可。

需要发送数据时，可使用 USART_SendData 函数，其函数原型如下：

```
void USART_SendData(USART_TypeDef * USARTx, uint16_t    Data)
```

USARTx 用于指定使用哪个 UART 发送，Data 则是需要发送的数据。

串口发送时，一方面发送速度要和波特率严格一致，另一方面数据是一位一位通过移位寄存器移到 TX 的，因此发送过程需要的时间相对较长。那么，什么情形才表示一个数据发送完成呢？这和定时器什么时候发生溢出类似，微控制器提供相应标志位用于通知使用者当前数据已发送完成。查询标志位使用的函数为 USART_GetFlagStatus，函数原型如下：

```
FlagStatus USART_GetFlagStatus(USART_TypeDef * USARTx, uint16_t USART_FLAG)
```

USARTx 用于指定查询哪一个 UART 的标志位，USART_FLAG 则是需要查询的标志位。通过固件库文档可以确定，USART_FLAG_TC 发送完成标志位能够满足需求。使用 USART_SendData 函数发送数据后，通过使用 USART_GetFlagStatus 函数查询 USART_FLAG_TC 标志位，当标志位置位时，则表明当前数据已发送完成，可以发送下一个数据。

接收数据则使用 USART_ReceiveData 函数，其函数原型如下：

```
uint16_t USART_ReceiveData(USART_TypeDef * USARTx)
```

该函数只有一个参数，用于指定从哪个 UART 接收。需要明确的是，该函数的作用是把接收数据寄存器中的数据读出，并作为函数返回值返回。那么在什么情况下，接收数据寄存器中才有从 RX 上接收到的数据呢？此时需要使用 USART_FLAG_RXNE 接收寄存器不为空标志位，当该标志位置位时，则表明接收到了新的数据，可以使用 USART_ReceiveData 函数将接收到的数据读出。

5.1.4　USART/UART 的中断

STM32 的 USART/UART 中断源非常多，如图 5-3 所示。

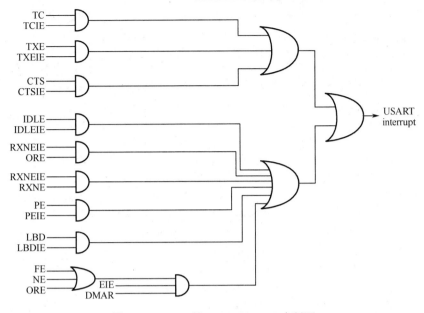

图 5-3　STM32 的 USART/UART 中断源

其中，使用频率最高的是 RXNE 中断，即接收中断。不使用接收中断时，需要不断查询 RXNE 标志位是否置位；使用该中断时，只要该标志位置位，就会触发中断，接收过程在中断服务函数中进行即可，可大大提高程序的执行效率。

如果希望使用 UART 的 RXNE 中断，则在 UART 初始化时，需要使用 USART_ITConfig 函数对中断进行配置，其函数原型如下：

```
void USART_ITConfig (USART_TypeDef *USARTx,
                     uint16_t    USART_IT,
                     FunctionalState    NewState
)
```

参数 USARTx 用于指定需要配置中断的 UART；参数 USART_IT 用于指定需要配置的中断，接收中断对应的宏为 USART_IT_RXNE；参数 NewState 用于指定需要打开中断还是关闭中断，打开用 ENABLE，关闭用 DISABLE。

使用中断除了需要在 UART 部分进行相应设置，还需要设置中断控制器 NVIC，并编写对应的中断服务函数。

使用串口中断的 NVIC 配置和使用定时器中断的 NVIC 配置区别不大，差异主要在于 NVIC 初始化结构体的 NVIC_IRQChannel 域，如果使用 USART1 的接收中断，该域需赋值 USART1_IRQn。除此之外，其他 3 个域的定时器中断设置相同。

USART1 接收中断模式及 NVIC 初始化代码如下：

```
void USART1_config(void)
{
    GPIO_InitTypeDef gpio;
    USART_InitTypeDef uart;
    NVIC_InitTypeDef nvic;
    RCC_APB2PeriphClockCmd(RCC_APB2Periph_GPIOA|
```

```
        RCC_APB2Periph_USART1,ENABLE);
        gpio.GPIO_Mode = GPIO_Mode_IPU;//RX 引脚上拉输入
        gpio.GPIO_Pin = GPIO_Pin_10;
        GPIO_Init(GPIOA,&gpio);
        gpio.GPIO_Mode = GPIO_Mode_AF_PP;//TX 引脚复用推挽输出
        gpio.GPIO_Pin = GPIO_Pin_9;
        gpio.GPIO_Speed = GPIO_Speed_2MHz ;
        GPIO_Init(GPIOA,&gpio);
        uart.USART_BaudRate = 115200;//波特率为 115200bps
        uart.USART_HardwareFlowControl = USART_HardwareFlowControl_None;//无硬件流控制
        uart.USART_Mode = USART_Mode_Rx | USART_Mode_Tx;//发送/接收模式
        uart.USART_Parity = USART_Parity_No;//无校验
        uart.USART_StopBits = USART_StopBits_1;//1 位停止位
        uart.USART_WordLength = USART_WordLength_8b;//8 位数据长度
        USART_Init(USART1,&uart);
        USART_ITConfig(USART1,USART_IT_RXNE,ENABLE);//使能接收中断
        nvic.NVIC_IRQChannel = USART1_IRQn;
        nvic.NVIC_IRQChannelCmd = ENABLE;
        nvic.NVIC_IRQChannelPreemptionPriority = 0;
        nvic.NVIC_IRQChannelSubPriority = 0;
        NVIC_Init (&nvic);
        USART_Cmd(USART1,ENABLE);
    }
```

USART1 的中断服务函数为 USART1_IRQHandler，在中断服务函数中，需要清除中断标志位。以下代码中的中断服务函数将接收到的数据重新通过串口发送出去：

```
    void USART1_IRQHandler(void)
    {
        uint8_t recvData;
        USART_ClearITPendingBit(USART1,USART_IT_RXNE);//清除中断标志位
        recvData = USART_ReceiveData (USART1);//接收数据
        USART_SendData(USART1,recvData);//发送数据
    }
```

任务 5-1   STM32 发送 "hello" 到 PC

USART

1. 任务目标

编写程序，使用 STM32F103 片上的 UART 循环发送 "hello" 到 PC，PC 使用串口调试软件接收。要求 UART 格式为 115200-8N1。

2. 电路分析

STM32F103 片上包含多个 USART（UART），其中，USART1 对应的引脚为 PA9 和 PA10，如图 5-4（b）所示。在图 5-4（a）中，RS232_RXD、RS232_TXD 两个网络标号进入 USB2UART 模块，该模块电路实现的功能是将 USB 与 UART 进行转换，电路细节可以之后再关注。经过

USB2UART 模块后，到达 MicroUSB_B 模块，该模块即一个 MicroUSB 接口。在进行实验时，仅需要使用 MicroUSB 线连接计算机和开发板，即可进行通信。注意，此时的通信本质上是使用 UART 通信，而不是通过 USB 通信。

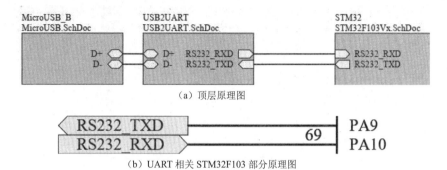

（a）顶层原理图

（b）UART 相关 STM32F103 部分原理图

图 5-4　UART 部分原理图

从数据手册（见图 5-5）中可以看出，PA9 为 USART1 的发送端，即 USART1_TX；PA10 为 USART1 的接收端，即 USART1_RX。在编写程序时，同样需要先对两个 I/O 进行配置，使其工作在对应的模式，才能正常使用 UART 功能。

PA9	I/O	FT	PA9	USART1_TX$^{(9)}$/ TIM1_CH2$^{(9)}$
PA10	I/O	FT	PA10	USART1_RX$^{(9)}$/ TIM1_CH3$^{(9)}$

图 5-5　PA9、PA10 引脚功能

3. 程序实现

```c
#include "stm32f10x.h"

void UART_config(void)
{
    GPIO_InitTypeDef gpio;
    USART_InitTypeDef uart;
    RCC_APB2PeriphClockCmd(RCC_APB2Periph_GPIOA|
                           RCC_APB2Periph_USART1,ENABLE);
    gpio.GPIO_Mode = GPIO_Mode_IN_FLOATING ;
    gpio.GPIO_Pin = GPIO_Pin_10;
    GPIO_Init(GPIOA,&gpio);
    gpio.GPIO_Mode = GPIO_Mode_AF_PP;
    gpio.GPIO_Pin = GPIO_Pin_9;
    gpio.GPIO_Speed = GPIO_Speed_50MHz;
    GPIO_Init(GPIOA,&gpio);
    // 115200-8N1
    uart.USART_BaudRate = 115200;
    uart.USART_HardwareFlowControl = USART_HardwareFlowControl_None;
```

```
    uart.USART_Mode = USART_Mode_Tx | USART_Mode_Rx;
    uart.USART_Parity = USART_Parity_No ;
    uart.USART_StopBits = USART_StopBits_1 ;
    uart.USART_WordLength = USART_WordLength_8b;
    USART_Init(USART1,&uart);
    USART_Cmd(USART1,ENABLE);
}

void UART_sendString(char *string,uint8_t len)
{
    uint8_t i;
    for(i=0;i<len;i++)
    {
        USART_SendData(USART1,string[i]);
        while(USART_GetFlagStatus (USART1,USART_FLAG_TC) == 0);
    }
}

int main(void)
{
    UART_config();
    while(1)
    {
        UART_sendString("hello\r\n",7);
    }

}
```

4. 调试

将 MicroUSB 连接线连接到开发板上，并连接计算机的 USB 口后，将弹出检测到新硬件对话框。此时需要为 USB 转串口芯片 CH340 安装驱动，驱动安装对话框如图 5-6 所示。

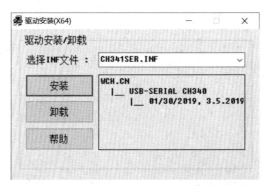

图 5-6　CH340 驱动安装对话框

驱动安装完成后，可以从"设备管理器"中看到 USB 转串口得到的 COM 口。使用串口调试助手，选择对应的 COM 口，并设置匹配的数据格式，即可接收从开发板发送的"hello"，如图 5-7 所示。

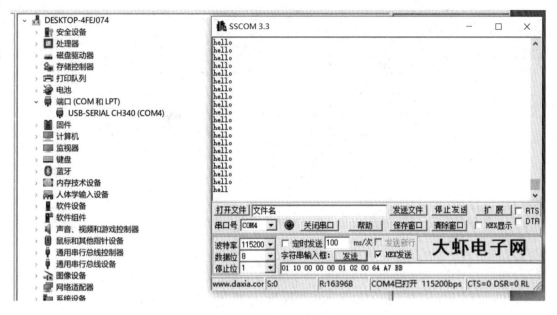

图 5-7　实验效果

5.2　常见 UART 通信电平

UART 是一种通信方式，在实际使用过程中，为提高其抗干扰能力，延长其传输距离，通常会采取不同的电平方式，常见的有 TTL、RS-232、RS-485/RS-422 等。

5.2.1　TTL 电平

TTL 电平是最常见的电平方式，STM32F103 采用 3.3V 供电，其高电平为 3.3V，低电平为 0V，这种电平方式指的就是 TTL 电平。TTL 电平的优点是由微控制器直接输出，不需要任何转换电路。其缺点也非常明显，微控制器直接输出的电平抗干扰能力差，一般只适合在板内传输。

5.2.2　RS-232 电平

RS-232 又称 "EIA RS-232"，是美国电子工业协会（EIA）联合贝尔系统公司、调制解调器厂家及计算机终端生产厂家于 1970 年共同制定的，最早用来解决计算机与调制解调器的通信问题。

RS-232 采用负逻辑传输，规定逻辑 1 的电压为-5～-15V，逻辑 0 的电压为 5～15V。该电平相较于 TTL 电平抗干扰能力显著提高，通信距离也有明显提升。由于 RS-232 有连接线少（RX、TX、GND）、全双工、波特率可灵活设置等优点，在工程应用中使用比较普遍。

通过专用芯片可以将 TTL 电平转换成 RS-232 电平，将 UART 的 TX 和 RX 连接到专用芯片上后，其传输就使用 RS-232 电平传输。常用芯片有 MAX232、SP232 等，对于 3.3V 供电的情形，常使用 MAX3232、SP3232 等芯片。MAX3232 典型电路如图 5-8 所示。

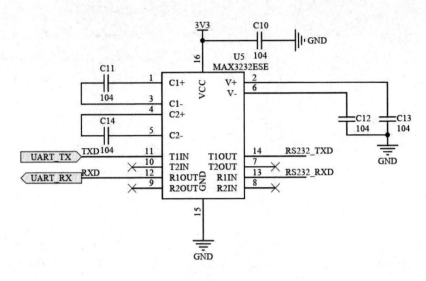

图 5-8 MAX3232 典型电路

MAX3232 可以用于 2 组 UART 的电平转换，TX 连接 T1IN，T1OUT 为 RS-232 电平，RS-232 电平的输入连接 R1IN，其输出 R1OUT 则为 TTL 电平。芯片外围包含多个 104 电容，以实现正、负电压的转换。

5.2.3 RS-485/RS-422 电平

在工程应用中，现场环境复杂，RS-232 提高电压的方式不足以对抗现场复杂的电磁干扰的影响。在这种背景下，RS-485 电平应运而生。RS-485 又称为"TIA-485""ANSI/TIA/EIA-485"等，该标准是由美国电子工业协会和电子工业联盟定义的，使用该标准的数字通信网络能在远距离条件下及电子噪声大的环境下有效传输信号。

RS-485 最大的特点在于使用了差分传输方式，差分信号对于共模信号有很好的抑制作用。RS-485 在工业现场中拥有广泛的应用，其转换芯片为 MAX487，典型电路如图 5-9 所示。

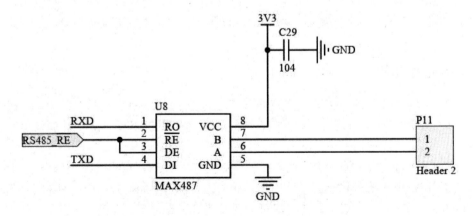

图 5-9 MAX487 典型电路

差分信号要求每个信号使用两根线传输，因此 RS-485 属于单工通信，其发送和接收状态通过 RE、DE 引脚切换。

为解决 RS-485 只能单工通信的缺点，RS-422 出现了。RS-422 又称 "EIA-422"，是一种 4 线、全双工、差分传输的传输协议，可以简单认为 RS-422 就是两组 RS-485，2 根线用于发送，2 根线用于接收，共 4 根线。由于 RS-422 具有全双工的特性，在一些对传输速度要求较高的场景，为 RS-485 做了很好的补充。

任务 5-2　PC 控制数码管显示

1. 任务目标

通过 PC 上的串口调试助手，控制数码管的显示。当串口调试助手发送数字 0～9 时，将数字直接用数码管显示；发送其他值时，数码管显示内容不改变。

2. 电路分析

同任务 5-1。

3. 程序实现

```c
#include "stm32f10x.h"

uint8_t dispNum;

void USART1_config(void)
{
    GPIO_InitTypeDef gpio;
    USART_InitTypeDef uart;
    NVIC_InitTypeDef nvic;
    RCC_APB2PeriphClockCmd(RCC_APB2Periph_GPIOA|
                           RCC_APB2Periph_USART1,ENABLE);
    gpio.GPIO_Mode = GPIO_Mode_IPU;
    gpio.GPIO_Pin = GPIO_Pin_10;
    GPIO_Init(GPIOA,&gpio);
    gpio.GPIO_Mode = GPIO_Mode_AF_PP;
    gpio.GPIO_Pin = GPIO_Pin_9;
    gpio.GPIO_Speed = GPIO_Speed_2MHz ;
    GPIO_Init(GPIOA,&gpio);
    uart.USART_BaudRate = 115200;
    uart.USART_HardwareFlowControl = USART_HardwareFlowControl_None;
    uart.USART_Mode = USART_Mode_Rx | USART_Mode_Tx;
    uart.USART_Parity = USART_Parity_No;
    uart.USART_StopBits = USART_StopBits_1;
    uart.USART_WordLength = USART_WordLength_8b;
    USART_Init(USART1,&uart);
    USART_ITConfig(USART1,USART_IT_RXNE,ENABLE);
    nvic.NVIC_IRQChannel = USART1_IRQn;
    nvic.NVIC_IRQChannelCmd = ENABLE;
    nvic.NVIC_IRQChannelPreemptionPriority = 0;
```

```
            nvic.NVIC_IRQChannelSubPriority = 0;
            NVIC_Init (&nvic);
            USART_Cmd(USART1,ENABLE);
    }

    void SEG_config(void)
    {
        GPIO_InitTypeDef gpio;
        RCC_APB2PeriphClockCmd(RCC_APB2Periph_AFIO    |    RCC_APB2Periph_GPIOB    |
RCC_APB2Periph_GPIOE,ENABLE);
        GPIO_PinRemapConfig(GPIO_Remap_SWJ_JTAGDisable,ENABLE);
        gpio.GPIO_Mode = GPIO_Mode_Out_PP;
        gpio.GPIO_Speed = GPIO_Speed_2MHz ;
        GPIOB->ODR &= 0xff00;
        gpio.GPIO_Pin = GPIO_Pin_0 | GPIO_Pin_1 | GPIO_Pin_2 | GPIO_Pin_3 |
                        GPIO_Pin_4 | GPIO_Pin_5 | GPIO_Pin_6 | GPIO_Pin_7;
        GPIO_Init(GPIOB,&gpio);
        gpio.GPIO_Pin = GPIO_Pin_12 | GPIO_Pin_13 | GPIO_Pin_14 | GPIO_Pin_15;
        GPIO_Init(GPIOE,&gpio);
    }

    void SEG_disp(uint16_t data)
    {
        const uint16_t bitCode[] = {GPIO_Pin_12,GPIO_Pin_13,
                                    GPIO_Pin_14,GPIO_Pin_15};
        const uint8_t dispCode[] = {0xC0,0xF9,0xA4,0xB0,0x99,0x92,0x82,
                                    0xF8,0x80,0x90,0x88,0x83,0xC6,0xA1,
                                    0x86,0x8E,0xFF};
        static uint8_t count=0;
        GPIOE->ODR &= 0x0fff;
        switch(count)
        {
            case 0:
                GPIO_Write(GPIOB,dispCode[data/1000]);
                break;
            case 1:
                GPIO_Write(GPIOB,dispCode[data/100%10]);
                break;
            case 2:
                GPIO_Write(GPIOB,dispCode[data/10%10]);
                break;
            case 3:
                GPIO_Write(GPIOB,dispCode[data%10]);
                break;
        }
```

```
        GPIO_Write(GPIOE,bitCode[count]);
        count++;
        count %= 4;
    }

int main(void)
{
    SEG_config();
    USART1_config();
    while(1)
    {
        SEG_disp(dispNum);
    }
}

void USART1_IRQHandler(void)
{
    uint8_t temp;
    USART_ClearITPendingBit(USART1,USART_IT_RXNE);
    temp = USART_ReceiveData (USART1);
    if((temp >= '0') && (temp <= '9'))
    {
        dispNum = temp - '0';
    }
}
```

5.3　Modbus-RTU 协议

5.3.1　通信协议概述

通信协议是通信双方都必须遵循的一套约定。如在任务 5-2 中，上位机通过串口调试助手发送数据到 STM32，STM32 根据接收到的数据将对应的内容在数码管上显示出来。这其中就包含了多个约定的内容。

约定 1：接收到的内容通过数码管显示，而不是通过别的装置显示；

约定 2：只有接收到数字 0~9 才显示，接收到其他内容不响应；

约定 3：串口调试助手发送的是字符"0"～"9"。

在工程应用中，只要涉及通信，就会有通信协议。如需要使用 STM32 控制触摸屏，则有触摸屏通信协议；需要使用激光测距传感器模块，则有测距模块通信协议。如果没有通信协议，STM32 无法判断激光测距传感器模块发送过来的数据代表什么，传感器也无法判断 STM32 发送的指令是什么意义。因此通信协议在通信中具有至关重要的作用。

5.3.2　Modbus-RTU 协议解析

Modbus-RTU、Modbus-ASCII、Modbus-TCP 等均属于 Modbus 协议。Modbus 协议是一

种串行通信协议，是 Modicon（施耐德电气旗下）公司于 1979 年为可编程逻辑控制器（PLC）而制定的，是工业领域的一种标准通信协议。由于 Modbus 协议具有实现简单等特点，至今仍有大量设备支持。

Modbus-RTU 协议是在使用 RS-232、RS-485 电平传输时的首选协议之一，传输字节少，效率高。其通信格式如表 5-1 所示。

表 5-1　Modbus-RTU 通信格式

通信字长	8 位
每次传输位数	10 位： 1 位起始位； 8 位数据位； 1 位停止位
校验	无校验
传输速率/bps	300、600、1200、2400、4800、9600、19200 等
串行通信模式	全双工或半双工
错误检测	CRC
生成多项式	CRC-16 Modbus X15+X13+1
位传输顺序	低位优先
通信包结束标志	传输线空闲时间大于 3.5 个位传输时间（19200bps 时为 1.82ms）

类似于任务 5-2 中的单个字节的通信协议在工程应用中是不允许使用的，这种通信协议不具备侦错的能力，也无法判断一次通信是否完整，甚至无法判断这个数据是由发送端发送的，还是干扰信号。因此，在工程应用中，每次通信发送的数据都以多字节的通信包（或通信帧）的形式出现。通信包一般包括通信头、通信数据、校验等内容，数据以多字节的通信包形式出现后，通信抗干扰能力有了进一步的提高。

Modbus-RTU 通信包一般格式如表 5-2 所示。

表 5-2　Modbus-RTU 通信包一般格式

从 机 地 址	功 能 码	功能码对应的数据	CRC 校验
8 位	8 位	$N×8$ 位	16 位

Modbus 支持多机通信，数据包的第一个字节为从机地址。地址的取值范围为 1～247，其他地址用于广播或其他功能。

需要注意的是，Modbus-RTU 每个地址都对应 16 位数据。

每个通信包都有特定的功能，通信包的功能由功能码决定。Modbus-RTU 所有支持的功能码如表 5-3 所示。

表 5-3　Modbus-RTU 所有支持的功能码

功　能　码	功能码名称	功能码作用
01	读线圈状态	读数字输出状态
02	读输入状态	读数字输入状态

功 能 码	功能码名称	功能码作用
03	读保持寄存器	读 16 位数据（按高/低字节顺序）
04	读输入寄存器	
05	置单个线圈状态	
06	预置单个寄存器	写 16 位数据到寄存器
08	回环测试	
16（0x10）	预置多个寄存器	写 16 位数据到寄存器
17（0x11）	读设备 ID	

Modbus-RTU 包含 11 个功能码，最常用的是 03 读保持寄存器、06 预置单个寄存器、16 预置多个寄存器。每个功能码都有对应的数据，同样的数据，在使用不同的功能码时所代表的意义可能完全不同。

5.3.3　Modbus-RTU 03 功能码

03 功能码使用非常频繁，例如，从机设备为一个温度传感器，主机要读取温度数据，就需要发送 03 包，读取特定的寄存器，以获得温度数据，如表 5-4 所示为 03 功能码通信包格式。

表 5-4　03 功能码通信包格式

从机地址	功能码	起始地址高 8 位	起始地址低 8 位	读取地址数 高 8 位	读取地址数 低 8 位	CRC	CRC

例如，有一个 03 包如下所示：

02	03	18	00	00	04	CRC	CRC

该数据包的意义是：从地址为 02 的从机 0x1800 地址开始，读取 4 个字节的数据。

而从机的应答数据包，也是有格式要求的，如表 5-5 所示。

表 5-5　03 功能码应答包格式

从机地址	功能码	数据字节数	数据	数据	…	CRC	CRC

以应答上面中的 03 包为例：

02	03	08	00	01	10 00 10 10 20 20	CRC	CRC

其含义为：02 地址从机应答 03 包，数据长度为 8 个字节，依次为 0x0001、0x1000、0x1010、0x2020。

5.3.4　Modbus-RTU 06 功能码

06 功能码同样拥有很高的使用频率，例如，STM32 控制触摸屏在某个控件上显示数据，通常就是使用 06 功能码对控件的地址写一个数据，这就是典型的 06 功能码的使用。06 功能码通信包格式如表 5-6 所示。

表 5-6　06 功能码通信包格式

从机地址	功能码	地址高 8 位	地址低 8 位	待写数据高 8 位	待写数据低 8 位	CRC	CRC

例如，需要在 01 地址从机的 0x1234 地址中写入数据 65535，则通信包如下：

01	06	12	34	FF	FF	CRC	CRC

为了确保通信的正确，从机接收到 06 包后，会有一个与接收到的内容相同的应答包，便于主机确认通信正确与否。因此其应答包如下：

01	06	12	34	FF	FF	CRC	CRC

5.3.5　Modbus-RTU 16 功能码

16 功能码的作用是补充 06 功能码的不足，当需要设置多个寄存器时，06 功能码每次只能设置一个寄存器，为了提高效率，对于连续地址的寄存器，可以使用 16 功能码一次完成多个寄存器的设置。其通信包格式如表 5-7 所示。

表 5-7　16 功能码通信包格式

从机地址	功能码	起始地址高 8 位	起始地址低 8 位	地址数高 8 位	地址数低 8 位	数据长度	数据	CRC	CRC

例如，需要从 03 地址从机的 0x1000 地址开始，将 4 个寄存器依次设置为 0x1234，0x2345，0x3456，0x4567，数据包如下：

03	16	10	00	00	04	08	12 34 23 45 34 56 45 67	CRC	CRC

因为 16 功能码通常比较长，为了提高通信的效率，其应答包不再应答一样的内容，而采取如表 5-8 所示格式。

表 5-8　16 功能码应答包格式

从机地址	功能码	起始地址低 8 位	起始地址高 8 位	地址数高 8 位	地址数低 8 位	CRC	CRC

对于以上 16 功能码，应答包如下：

03	16	10	00	00	04	CRC	CRC

任务 5-3　实现支持 03、06 功能码的 Modbus-RTU 从站

1．任务目标

实现一个能支持 03、06 功能码的 Modbus-RTU 从站，能够使用 Modbus 调试工具 ModScan 查询寄存器、设置寄存器。

2. 程序实现

（1）mbrtu.c

```
#include "stm32f1xx_hal.h"

#include "modbusrtu/mbrtu.h"
#include "modbusrtu/mbcrc.h"
#include "usart1/usart1.h"

Modbus modbus;
char sendBuffer[255];
uint16_t ModBusReg4XXXX[MODBUS_4XXXX_LENGTH];

void MODBUS_handler(void)
{
    char crc[2];
    uint8_t i;
    uint8_t len;
    uint16_t regAddress;
    uint16_t regValue;
    if(modbus.newFrameArrival)
    {
        modbus.newFrameArrival = 0;
        if(modbus.recvBuffer[0] == modbus.address)
        {
            calculate_CRC(modbus.recvBuffer,modbus.recvBufferIndex-2,crc);
            if((crc[0] == modbus.recvBuffer[modbus.recvBufferIndex-2]) &&
                    (crc[1] == modbus.recvBuffer[modbus.recvBufferIndex-1]))
            {
                switch(modbus.recvBuffer[1])
                {
                case 3:
                    if(((modbus.recvBuffer[2]<<8)|modbus.recvBuffer[3]) +
((modbus.recvBuffer[4]<<8)|modbus.recvBuffer[5]) > MODBUS_4XXXX_LENGTH)
                    {
                            sendBuffer[0] = modbus.recvBuffer[1] + 0x80;
                            sendBuffer[1] = 3;
calculate_CRC(modbus.recvBuffer,modbus.recvBufferIndex-2,crc);
                            sendBuffer[2] = crc[0];
                            sendBuffer[3] = crc[1];
                            MODBUS_SENDBUFFER(sendBuffer,4);
                    }
                    else
                    {
                            sendBuffer[0] = modbus.address;
```

```
                                        sendBuffer[1] = 3;
                                        sendBuffer[2] = modbus.recvBuffer[5] << 1;
                                        len = 3;
            for(i=((modbus.recvBuffer[2]<<8)|modbus.recvBuffer[3]);
i<((modbus.recvBuffer[4]<<8)|modbus.recvBuffer[5]);
                                        i++)
                                        {
                                                sendBuffer[len++] = ModBusReg4XXXX[i] >> 8;
                                                sendBuffer[len++] = ModBusReg4XXXX[i];
                                        }
                                        calculate_CRC(sendBuffer,len,crc);
                                        sendBuffer[len++] = crc[0];
                                        sendBuffer[len++] = crc[1];
            MODBUS_SENDBUFFER(sendBuffer, len);
                                        }
                                        break;
                                case 6:
                                        regAddress = (modbus.recvBuffer[2]<<8)|modbus.recvBuffer[3];
                                        regValue = (modbus.recvBuffer[4] << 8) | modbus.recvBuffer[5];
                                        ModBusReg4XXXX[regAddress] = regValue;
                                        MODBUS_SENDBUFFER(modbus.recvBuffer,modbus.recvBufferIndex);
                                        break;
                                case 16:
                                        regAddress = (modbus.recvBuffer[2]<<8)|modbus.recvBuffer[3];
                                        for(i=0;
i<((modbus.recvBuffer[4]<<8)|modbus.recvBuffer[5]);
                                        i++)
                                        {
                                        ModBusReg4XXXX[regAddress + i] = (modbus.recvBuffer[7 +
(i<<1)] << 8) | modbus.recvBuffer[8 + (i<<1)];
                                        }
                                        calculate_CRC(modbus.recvBuffer,6,crc);
                                        modbus.recvBuffer[6] = crc[0];
                                        modbus.recvBuffer[7] = crc[1];
                                        MODBUS_SENDBUFFER(modbus.recvBuffer,8);
                                        break;
                                }
                        }
                }
                modbus.recvBufferIndex = 0;
        }
}

void USART1_IRQHandler(void)
{
    modbus.recvBuffer[modbus.recvBufferIndex] = USART1->DR;
```

```
        modbus.recvBufferIndex ++;
        switch(modbus.status)
        {
        case Bus_Idle:
            modbus.status = Bus_Busy;
            modbus.timer = 1;
        break;
        case Bus_Busy:
            modbus.timer = 1;
        break;
        }
        USART1->SR &=  ~USART_SR_RXNE;
}

/**
 * 该函数需放入 1ms 定时器中断服务函数中
 */
void MODBUS_1msTimerSuppot(void)
{
    if(modbus.timer > 0)
    {
        modbus.timer ++;
        if(modbus.timer > 2)
        {
            modbus.status = Bus_Idle;
            modbus.newFrameArrival = 1;
            modbus.timer = 0;
        }
    }
}
```

（2）mbrtu.h

```
#ifndef MODBUSRTU_MBRTU_H_
#define MODBUSRTU_MBRTU_H_

void MODBUS_1msTimerSuppot(void);
void MODBUS_handler(void);

#define MODBUS_RECV_INTERRUPT               USART1_IRQHandler
#define MODBUS_SENDBUFFER                    USART1_sendBuf
#define MODBUS_4XXXX_LENGTH                  18

typedef enum modbusstatus
{
    Bus_Idle,
    Bus_Busy,
```

```
}ModbusStatus;

typedef struct _modbus
{
    uint8_t address;            // ModBus 地址
    uint8_t timer;              // 用于检测总线空闲时间
    ModbusStatus status;        // ModBus 状态机
    char recvBuffer[255];       // 数据接收缓存区
    uint8_t recvBufferIndex;    // 接收缓存区指针
    uint8_t newFrameArrival;    // 新帧接收完成
} Modbus;

extern Modbus modbus;
#endif /* MODBUSRTU_MBRTU_H_ */
```

（3）mbcrc.c

```
#include "mbcrc.h"

void calculate_CRC(char *message, int length,char *crc)
{
    unsigned char CRCHi, CRCLo, TempHi, TempLo;
    static const unsigned char table[512] =
    {0x00, 0x00, 0xC0, 0xC1, 0xC1, 0x81, 0x01, 0x40, 0xC3, 0x01, 0x03, 0xC0,
        0x02, 0x80, 0xC2, 0x41, 0xC6, 0x01, 0x06, 0xC0, 0x07, 0x80, 0xC7,
        0x41, 0x05, 0x00, 0xC5, 0xC1, 0xC4, 0x81, 0x04, 0x40, 0xCC, 0x01,
        0x0C, 0xC0, 0x0D, 0x80, 0xCD, 0x41, 0x0F, 0x00, 0xCF, 0xC1, 0xCE,
        0x81, 0x0E, 0x40, 0x0A, 0x00, 0xCA, 0xC1, 0xCB, 0x81, 0x0B, 0x40,
        0xC9, 0x01, 0x09, 0xC0, 0x08, 0x80, 0xC8, 0x41, 0xD8, 0x01, 0x18,
        0xC0, 0x19, 0x80, 0xD9, 0x41, 0x1B, 0x00, 0xDB, 0xC1, 0xDA, 0x81,
        0x1A, 0x40, 0x1E, 0x00, 0xDE, 0xC1, 0xDF, 0x81, 0x1F, 0x40, 0xDD,
        0x01, 0x1D, 0xC0, 0x1C, 0x80, 0xDC, 0x41, 0x14, 0x00, 0xD4, 0xC1,
        0xD5, 0x81, 0x15, 0x40, 0xD7, 0x01, 0x17, 0xC0, 0x16, 0x80, 0xD6,
        0x41, 0xD2, 0x01, 0x12, 0xC0, 0x13, 0x80, 0xD3, 0x41, 0x11, 0x00,
        0xD1, 0xC1, 0xD0, 0x81, 0x10, 0x40, 0xF0, 0x01, 0x30, 0xC0, 0x31,
        0x80, 0xF1, 0x41, 0x33, 0x00, 0xF3, 0xC1, 0xF2, 0x81, 0x32, 0x40,
        0x36, 0x00, 0xF6, 0xC1, 0xF7, 0x81, 0x37, 0x40, 0xF5, 0x01, 0x35,
        0xC0, 0x34, 0x80, 0xF4, 0x41, 0x3C, 0x00, 0xFC, 0xC1, 0xFD, 0x81,
        0x3D, 0x40, 0xFF, 0x01, 0x3F, 0xC0, 0x3E, 0x80, 0xFE, 0x41, 0xFA,
        0x01, 0x3A, 0xC0, 0x3B, 0x80, 0xFB, 0x41, 0x39, 0x00, 0xF9, 0xC1,
        0xF8, 0x81, 0x38, 0x40, 0x28, 0x00, 0xE8, 0xC1, 0xE9, 0x81, 0x29,
        0x40, 0xEB, 0x01, 0x2B, 0xC0, 0x2A, 0x80, 0xEA, 0x41, 0xEE, 0x01,
        0x2E, 0xC0, 0x2F, 0x80, 0xEF, 0x41, 0x2D, 0x00, 0xED, 0xC1, 0xEC,
        0x81, 0x2C, 0x40, 0xE4, 0x01, 0x24, 0xC0, 0x25, 0x80, 0xE5, 0x41,
        0x27, 0x00, 0xE7, 0xC1, 0xE6, 0x81, 0x26, 0x40, 0x22, 0x00, 0xE2,
        0xC1, 0xE3, 0x81, 0x23, 0x40, 0xE1, 0x01, 0x21, 0xC0, 0x20, 0x80,
        0xE0, 0x41, 0xA0, 0x01, 0x60, 0xC0, 0x61, 0x80, 0xA1, 0x41, 0x63,
```

```
        0x00, 0xA3, 0xC1, 0xA2, 0x81, 0x62, 0x40, 0x66, 0x00, 0xA6, 0xC1,
        0xA7, 0x81, 0x67, 0x40, 0xA5, 0x01, 0x65, 0xC0, 0x64, 0x80, 0xA4,
        0x41, 0x6C, 0x00, 0xAC, 0xC1, 0xAD, 0x81, 0x6D, 0x40, 0xAF, 0x01,
        0x6F, 0xC0, 0x6E, 0x80, 0xAE, 0x41, 0xAA, 0x01, 0x6A, 0xC0, 0x6B,
        0x80, 0xAB, 0x41, 0x69, 0x00, 0xA9, 0xC1, 0xA8, 0x81, 0x68, 0x40,
        0x78, 0x00, 0xB8, 0xC1, 0xB9, 0x81, 0x79, 0x40, 0xBB, 0x01, 0x7B,
        0xC0, 0x7A, 0x80, 0xBA, 0x41, 0xBE, 0x01, 0x7E, 0xC0, 0x7F, 0x80,
        0xBF, 0x41, 0x7D, 0x00, 0xBD, 0xC1, 0xBC, 0x81, 0x7C, 0x40, 0xB4,
        0x01, 0x74, 0xC0, 0x75, 0x80, 0xB5, 0x41, 0x77, 0x00, 0xB7, 0xC1,
        0xB6, 0x81, 0x76, 0x40, 0x72, 0x00, 0xB2, 0xC1, 0xB3, 0x81, 0x73,
        0x40, 0xB1, 0x01, 0x71, 0xC0, 0x70, 0x80, 0xB0, 0x41, 0x50, 0x00,
        0x90, 0xC1, 0x91, 0x81, 0x51, 0x40, 0x93, 0x01, 0x53, 0xC0, 0x52,
        0x80, 0x92, 0x41, 0x96, 0x01, 0x56, 0xC0, 0x57, 0x80, 0x97, 0x41,
        0x55, 0x00, 0x95, 0xC1, 0x94, 0x81, 0x54, 0x40, 0x9C, 0x01, 0x5C,
        0xC0, 0x5D, 0x80, 0x9D, 0x41, 0x5F, 0x00, 0x9F, 0xC1, 0x9E, 0x81,
        0x5E, 0x40, 0x5A, 0x00, 0x9A, 0xC1, 0x9B, 0x81, 0x5B, 0x40, 0x99,
        0x01, 0x59, 0xC0, 0x58, 0x80, 0x98, 0x41, 0x88, 0x01, 0x48, 0xC0,
        0x49, 0x80, 0x89, 0x41, 0x4B, 0x00, 0x8B, 0xC1, 0x8A, 0x81, 0x4A,
        0x40, 0x4E, 0x00, 0x8E, 0xC1, 0x8F, 0x81, 0x4F, 0x40, 0x8D, 0x01,
        0x4D, 0xC0, 0x4C, 0x80, 0x8C, 0x41, 0x44, 0x00, 0x84, 0xC1, 0x85,
        0x81, 0x45, 0x40, 0x87, 0x01, 0x47, 0xC0, 0x46, 0x80, 0x86, 0x41,
        0x82, 0x01, 0x42, 0xC0, 0x43, 0x80, 0x83, 0x41, 0x41, 0x00, 0x81,
        0xC1, 0x80, 0x81, 0x40, 0x40,};
    CRCHi = 0xff;
    CRCLo = 0xff;

    while (length)
    {
        TempHi = CRCHi;
        TempLo = CRCLo;
        CRCHi = table[2 * (*message ^ TempLo)];
        CRCLo = TempHi ^ table[(2 * (*message ^ TempLo)) + 1];
        message++;
        length--;
    }
    crc[0] = CRCLo;
    crc[1] = CRCHi;
    return;
}
```

（4）mbcrc.h

```
#ifndef MODBUSRTU_MBCRC_H_
#define MODBUSRTU_MBCRC_H_

void calculate_CRC(char *message, int length,char *crc);
#endif /* MODBUSRTU_MBCRC_H_ */
```

（5）main.c

```
#include "stm32f10x.h"
void USART1_config(void)
{
    GPIO_InitTypeDef gpio;
    USART_InitTypeDef uart;
    NVIC_InitTypeDef nvic;
    RCC_APB2PeriphClockCmd(RCC_APB2Periph_GPIOA|
RCC_APB2Periph_USART1,ENABLE);
    gpio.GPIO_Mode = GPIO_Mode_IPU;//RX 引脚上拉输入
    gpio.GPIO_Pin = GPIO_Pin_10;
    GPIO_Init(GPIOA,&gpio);
    gpio.GPIO_Mode = GPIO_Mode_AF_PP;//TX 引脚复用推挽输出
    gpio.GPIO_Pin = GPIO_Pin_9;
    gpio.GPIO_Speed = GPIO_Speed_2MHz ;
    GPIO_Init(GPIOA,&gpio);
    uart.USART_BaudRate = 115200;//波特率为 115200bps
    uart.USART_HardwareFlowControl = USART_HardwareFlowControl_None;//无硬件流控制
    uart.USART_Mode = USART_Mode_Rx | USART_Mode_Tx;//发送/接收模式
    uart.USART_Parity = USART_Parity_No;//无校验
    uart.USART_StopBits = USART_StopBits_1;//1 位停止位
    uart.USART_WordLength = USART_WordLength_8b;//8 位数据长度
    USART_Init(USART1,&uart);
    USART_ITConfig(USART1,USART_IT_RXNE,ENABLE);//使能接收中断
    nvic.NVIC_IRQChannel = USART1_IRQn;
    nvic.NVIC_IRQChannelCmd = ENABLE;
    nvic.NVIC_IRQChannelPreemptionPriority = 0;
    nvic.NVIC_IRQChannelSubPriority = 0;
    NVIC_Init (&nvic);
    USART_Cmd(USART1,ENABLE);
}

int main(void)
{
    USART1_config()
    while(1)
    {
        MODBUS_handler();
    }
}
```

3. 调试

使用 Modbus 调试软件 ModScan 进行测试，测试效果如图 5-10 所示。从图中可以看出，地址 40001～40010 的数据分别为 1～10，测试软件发送了 47 个测试包，接收到了 47 个有效的应答，达到预期效果。

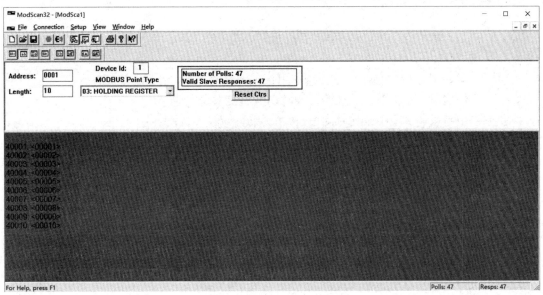

图 5-10　ModScan 测试效果

5.4　Modbus-RTU 代码实现方法

根据 Modbus-RTU 协议，可以确定编写代码的思路。

（1）确定寄存器长度。可以先定义一个长度确定的 uint16_t 类型数组，该数组就是 03、06、16 功能码读取、写入的寄存器。

（2）定时器确认一个通信包发送完成。由于 Modbus-RTU 协议不是定长通信包，也不具有通信包结束标志符，结束的标志是通信线空闲超过一定的时间。因此从开始通信、定时器开始计时，每接收到一个新的字节，定时器即清零，一旦定时器计时时间超过阈值，则认为通信包发送结束，可以开始对通信包进行处理。

（3）解析通信包。先判断通信包中的地址是否与本机地址一致，若不一致则无须处理通信包；进行 CRC 校验，CRC 校验不通过，则说明通信过程中数据包出错，当前数据包也无须处理。根据不同的功能码，执行不同的读写功能。

5.5　总结

本项目介绍了 UART 的使用方法，并介绍了实际工程中广泛使用的 Modbus-RTU 协议及其实现方法。

学习巩固与考核

	笔记：
1. 项目 3 中的数字时钟使用的是传统的用按键调时的方式，请在此基础上增加使用上位机串口调试助手调时功能。要求自定通信协议，能够使用串口调试助手发送时间信息，直接修改数字时钟上显示的时间。 　1.1　画出可使用上位机调时的数字时钟原理图。 　1.2　编写程序（可直接调用 void SEG_disp(uint16_t data)函数完成数码管的显示）。	

1.3　调试中是否遇到了问题？遇到了什么问题？是怎么解决的？	
2．项目 4 中完成了一个简易电压表的开发，要求在此基础上增加 UART 功能，使采集到的电压值能够通过 UART 发送到 PC 的串口调试助手。 　2.1　编写程序（可不写 ADC 初始化函数）。	笔记：

2.2 调试中是否遇到了问题？遇到了什么问题？是怎么解决的？	
3．在工业现场中，分布式智能仪表随处可见。智能仪表都会遵循某种通信协议，在项目 4 的简易电压表的基础上，增加 Modbus-RTU 的支持，使其能够通过 03 指令码读取到电压值。 3.1 编写程序（可不写初始化函数）。	笔记：

3.2 调试中是否遇到了问题？遇到了什么问题？是怎么解决的？	笔记：

考核评价：
 	
  教师评价：
 	
  小组评价：
	项目学习心得体会：

项目6　直流电机调速设计与实现

项目介绍	
项目描述	随着电力电子器件的发展，脉宽调制（Pulse Width Modulation，PWM）逐渐成为最重要的模拟控制方式之一。电机调速、LED 调光等都是 PWM 最典型的应用场景。本项目要求实现一个直流电机调速装置，能够使用按键对电机转速进行控制，电机转速不少于 10 挡，并能实现正反转控制。 本项目分为 2 个任务： 任务 6-1：调光 LED 灯 任务 6-2：直流电机调速
教学目标	**知识目标** 1. 掌握直流电机驱动电路的原理； 2. 掌握脉宽调制（PWM）的原理； 3. 掌握直流电机调速的原理 **能力目标** 能编写 PWM 程序 **素养目标** 1. 了解 STM32 的编程规范； 2. 学会团结协作，同学之间互相查缺补漏； 3. 学会查找最新器件相关资料
项目准备	1. 学习开发套件 1 套； 2. 配套教材 1 本； 3. 计算机 1 台

6.1　直流电机驱动原理

6.1.1　直流电机概述

图 6-1　直流电机

　　直流电机（有刷直流电动机的简称）如图 6-1 所示，是最常用的电机之一。电机按照驱动电源的不同可分为直流电机和交流电机，交流电机又可分为异步交流电机、永磁同步电机等类型；而直流电机则主要分为有刷直流电机和无刷直流电机，步进电机也属于直流电机的范畴。随着技术的不断发展，传统旋转电机存在驱动执行机构运动时需要使用丝杆等机构的弊端，直流电机开始在高端制造领域占据非常重要的地位。

　　有刷电机的定子上安装了固定的主磁极和电刷，转子上安装了电枢绕组和换向器。直流电源的电能通过电刷和换向器进入电枢绕组，产生电枢电流，电枢电流产生的磁场与主磁场相互作用产生电磁转矩，使电机旋转带动负载动作。电刷和换向器的存在，使有刷电机存在结构复杂，寿命短，换向火花易产生电磁干扰等缺点。其优点也非常明显，转速正比于加载在电机上的电压，旋转方向取决于加载在电机上的电压方向。

6.1.2　直流电机驱动电路

直流电机最常用的驱动电路是"H 桥"，其电路示意图如图 6-2 所示。H 桥电路能够完成对电机旋转方向的控制。

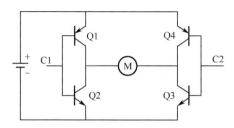

图 6-2　H 桥电路示意图

在 H 桥中，2 对互补的晶体管的中点，连接直流电机的两端。当 C1、C2 同为高电平时，Q2、Q3 导通，Q1、Q4 截止。此时，电机两端没有电压差，因此没有电流从电机中流过，电机不工作。当 C1、C2 同时为低电平时，Q1、Q4 导通，Q2、Q3 截止，此时依然没有电流流经电机，因此电机不工作。当 C1 为高电平、C2 为低电平时，Q2、Q4 导通，Q1、Q3 截止。Q4 的导通，使得电机的右侧连接到电源；Q2 的导通，使得电机左侧连接到地，此时对电机而言，电源极性为左负右正，电机工作。同理，在 C1 为低电平、C2 为高电平时，Q1、Q3 导通，Q2、Q4 截止，此时电机的电源极性为左正右负，电机工作，但其旋转方向改变。

正是由于 H 桥电路的存在，使得直流电机的旋转方向非常容易被控制，也因此增加了直流电机的应用场景。

需要注意的是，图 6-2 仅为阐述原理的示意图，在实际工程中使用时，Q1 和 Q2 的基极不需要连接在一起，从而实现对死区的控制。Q1 和 Q2 也不一定需要使用互补的晶体管，也可全使用 NPN 型晶体管，但是对 Q1 就需要专门的驱动电路，否则 Q1 无法导通。在驱动电机功率增加后，使用 MOSFET、IGBT 等开关器件替代晶体管也是非常常见的做法。

6.1.3　集成直流电机驱动器

L293、L298 是常用的集成直流电机驱动器，以 L293 为例，其供电电压可为 4.5～36V，每路的输出电流可达 1A，峰值电流可达 2A。其逻辑框图如图 6-3 所示。

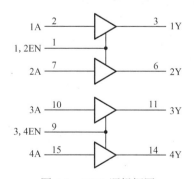

图 6-3　L293 逻辑框图

从逻辑框图可以看出，在使能端 EN 都有效时，通过 1A～4A 完成了对 1Y～4Y 的控制，控制效果与 H 桥电路没有差别。

6.2　PWM 的使用

6.2.1　PWM 概述

PWM 即脉宽调制，是一种通过调整单个周期内有效脉冲的宽度而对电路进行控制的技术。从直观感受上分析，当 LED 灯两端一直有电压时，其亮度最大（假设限流电阻值不变）；当 LED 灯两端在一段时间内有电压，一段时间内没电压时，LED 灯的状态是闪烁；如果有电压和无电压之间状态切换非常快的话，LED 灯表现出来的就是亮度没有两端一直有电压时的高。进一步分析，规定一个周期包括 LED 灯两端有电压和两端无电压两种情形，且 LED 灯两端有电压为低电平，两端无电压为高电平，那么，低电平在一个周期内所占的比例将影响 LED 灯的亮度，这一比例称为"占空比"。这种实现 LED 灯调光的技术就是 PWM。PWM 的应用非常广泛，LED 灯调光、电机调速、逆变等都离不开 PWM。

6.2.2　STM32 生成 PWM

一些不支持硬件 PWM 的微控制器，通常会在定时器中定义一个计数变量，并将计数变量的值和一个比较值进行比较，当计数变量的值小于该比较值时，输出低电平；当计数变量的值大于该比较值时，输出高电平。只需要修改比较值的大小，就可以完成对占空比的灵活调整。STM32F103 支持硬件 PWM 的生成，其生成原理与该方法是类似的。

项目 5 中使用了定时器的基本功能，完成了计数并触发中断的任务。定时器除完成这一简单功能外，还能捕捉外部脉冲宽度，同时也能对外输出 PWM。定时器产生的 PWM 频率取决于定时器周期，由固件库中的初始化结构体中的分频系数和计数周期决定。从 STM32F103 寄存器的角度看，频率由 ARR 寄存器决定，而占空比由 CCR 寄存器决定。每个定时器会有多个输出通道（TIM_OCx），每个输出通道将对应一个 CCR 寄存器（CCRx）。其 PWM 产生原理，同样是计数寄存器 CNT 的值在时钟信号的驱动下在 0～ARR-1 变化，当 CNT 的值小于 CCR 时，OCx 输出一种电平；大于 CCR 时，OCx 输出另一种电平。

因此，使用 STM32 生成 PWM 的代码应该包含两个部分，第一部分为基础定时器初始化，该部分代码将决定 PWM 的频率。第二部分为 PWM 的初始化，在初始化 PWM 前，先查询数据手册明确 PWM 输出的 I/O 口，如图 6-4 所示。PA2 可作为 TIM2 的通道 3 输出，并对其进行初始化，配置为复用功能推挽输出模式。

| PA1 | I/O | - | PA1 | USART2_RTS[9]
ADC123_IN1/
TIM5_CH2/TIM2_CH2[9] |
| PA2 | I/O | - | PA2 | USART2_TX[9]/TIM5_CH3
ADC123_IN2/
TIM2_CH3[9] |

图 6-4　GPIO 功能定义表

基础配置工作完成后，则可通过 TIM_OCxInit 函数来进行初始化。由于 PA2 对应的输出通道为 CH3，直接以 TIM_OC3Init 为例进行讲解。该函数与其他初始化函数从参数的形式来说大同小异，同样包括两个参数，一个参数指定需要配置哪个定时器，另一个参数则是具体配置的结构体指针，该结构体类型为 TIM_OCInitTypeDef，其定义如下：

```
typedef struct
{
    uint16_t TIM_OCMode;
    uint16_t TIM_OutputState;
    uint16_t TIM_OutputNState;
    uint16_t TIM_Pulse;
    uint16_t TIM_OCPolarity;
    uint16_t TIM_OCNPolarity;
    uint16_t TIM_OCIdleState;
    uint16_t TIM_OCNIdleState;
} TIM_OCInitTypeDef;
```

（1）TIM_OCMode 用于指定输出比较模式和 PWM 工作模式。PWM 工作模式包含 PWM 工作模式 1（TIM_OCMode_PWM1）和 PWM 工作模式 2（TIM_OCMode_PWM2）。PWM 工作模式 1 的意义是，为向上计数模式时，通道输出在计数寄存器值小于计数比较寄存器值时输出有效电平，其他时间输出无效电平；PWM 工作模式 2 则与其相反。

（2）TIM_OutputState、TIM_OutputNState 用于指定是否使能通道输出，TIM2 等基本功能定时器只能设置 TIM_OutputState；而 TIM1 等高级功能定时器有互补输出，则不仅包含 TIM_OutputState，还包含 TIM_OutputNState。

（3）TIM_Pulse 用于设置比较寄存器。

（4）TIM_OCPolarity 用于指定输出极性，也就是高电平（TIM_OCPolarity_High）或者低电平（TIM_OCPolarity_Low）。

其他域可以不用进行配置。

初始化完成后，启动定时器，则开始输出 PWM。如需要调整 PWM 的占空比，可使用 TIM_SetCompare1 函数修改比较值，从而实现修改占空比的目的。

任务 6-1　调光 LED 灯

1. 任务目的

编写程序，实现通过按键控制 LED 灯亮度的功能，要求至少实现 3 个亮度等级。

2. 电路分析

同任务 3-1。

3. 程序实现

```
#include "stm32f10x.h"

void delay_ms(uint16_t ms)
{
    uint16_t i;
    for(;ms>0;ms--)
        for(i=50000;i>0;i--);
```

```
    }

    void LED_config(void)
    {
        GPIO_InitTypeDef gpio;
        RCC_APB2PeriphClockCmd(RCC_APB2Periph_GPIOA,ENABLE);
        gpio.GPIO_Mode = GPIO_Mode_AF_PP ;
        gpio.GPIO_Pin = GPIO_Pin_2;
        gpio.GPIO_Speed = GPIO_Speed_2MHz ;
        GPIO_Init(GPIOA,&gpio);
    }

    void KEY_config(void)
    {
        GPIO_InitTypeDef gpio;
        RCC_APB2PeriphClockCmd(RCC_APB2Periph_GPIOC,ENABLE);
        gpio.GPIO_Mode = GPIO_Mode_IPU ;
        gpio.GPIO_Pin = GPIO_Pin_0 | GPIO_Pin_1 | GPIO_Pin_2 | GPIO_Pin_3;
        GPIO_Init(GPIOC,&gpio);
    }

    uint8_t KEY_scan(void)
    {
        uint8_t rtl;
        if((GPIO_ReadInputData(GPIOC) & 0xf) == 0xf)
            return 0xff;
        delay_ms(10);
        if((GPIO_ReadInputData(GPIOC) & 0xf) == 0xf)
            return 0xff;
        rtl = GPIO_ReadInputData(GPIOC) & 0xf;
        while((GPIO_ReadInputData(GPIOC) & 0xf) != 0xf);
        return rtl;
    }

    void PWM_config(void)
    {
        TIM_TimeBaseInitTypeDef tim;
        TIM_OCInitTypeDef oc;
        RCC_APB1PeriphClockCmd(RCC_APB1Periph_TIM2,ENABLE);
        tim.TIM_CounterMode = TIM_CounterMode_Up;
        tim.TIM_Prescaler = 719;
        tim.TIM_Period = 999;
        TIM_TimeBaseInit(TIM2,&tim);
        oc.TIM_OCMode = TIM_OCMode_PWM1;
        oc.TIM_OutputState = TIM_OutputState_Enable;
        oc.TIM_OCPolarity = TIM_OCPolarity_High;
```

```
        oc.TIM_Pulse = 999;
        TIM_OC3Init(TIM2,&oc);
        TIM_Cmd(TIM2,ENABLE);
    }

    int main(void)
    {
        uint16_t pwm=1000;
        LED_config();
        KEY_config();
        PWM_config();

        while(1)
        {
            if(KEY_scan() == 0xe)
            {
                TIM_SetCompare3(TIM2,pwm);
                pwm >>= 1;
                if(pwm < 125)
                {
                    pwm = 1000;
                }
            }
        }
    }
```

6.3　直流电机调速的实现

直流电机调速可以使用 PWM 实现，电机的转速将正比于脉宽。在使用直流电机时，集成驱动器通常是首选，基于 L293D 的集成直流电机驱动电路如图 6-5 所示。

L293D 可以作为直流电机、步进电机驱动器，在驱动直流电机时，又可以分为两种情形，一种情形是只需要控制电机启停（含调速）；另一种情形是不但要控制电机启停，还需要控制电机正反转。第一种情形，一片 L293D 可以同时驱动 4 个直流电机；第二种情形则能驱动 2 个直流电机。

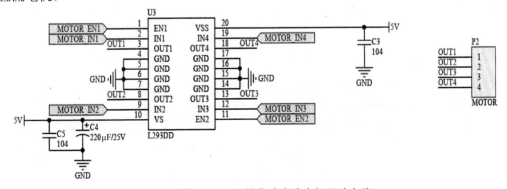

图 6-5　基于 L293D 的集成直流电机驱动电路

仅控制电机启停时，电路连接方式示意图如图 6-6 所示。此时，通过 EN 及 A（含 3A、4A）对电机进行控制。电机 M1 与 3A、EN 之间的关系，如表 6-1 所示。

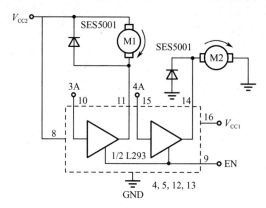

图 6-6　电机启停控制电路连接方式示意图

表 6-1　电机 M1 与 3A、EN 之间关系表

EN	3A	M1
H	H	快速停止
H	L	运行
L	X	自然停止

当需要同时控制电机启停和正反转时，则电路连接方式示意图如图 6-7 所示。

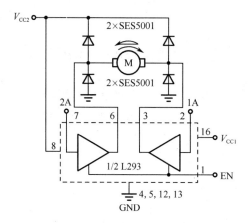

图 6-7　电机启停和正反转控制电路连接方式示意图

1A、2A、EN 与电机 M 之间的关系如表 6-2 所示。

表 6-2　1A、2A、EN 与电机 M 之间的关系表

EN	1A	2A	M
H	L	H	正转
H	H	L	反转
H	L	L	快速停止

续表

EN	1A	2A	M
H	H	H	快速停止
L	X	X	自然停止

需要说明的是，此处的正转和反转是相对而言的，在实际工程中，电机安装完成之前，没有正转、反转的概念。

PWM 控制实现电机调速，与实现 LED 灯调光没有区别，都是通过某种输入方式（如按键输入）调整定时器比较寄存器的值，从而改变 PWM 占空比，最终达到调速目的的。使用 L293D 时，通常使用 PWM 控制 EN，以达到电机调速的目的。与此同时，使用两个 GPIO，对 1A、2A 进行控制，则可对电机的旋转方向进行控制。

任务 6-2　直流电机调速

1. 任务目标

用按键 S1 控制电机启停，S2 控制电机正反转，S3 控制电机加速，S4 控制电机减速。

2. 电路分析

见 6.3 节。

3. 程序实现

```
#include "stm32f10x.h"

void delay_ms(uint16_t ms)
{
    uint16_t i;
    for(;ms>0;ms--)
        for(i=50000;i>0;i--);
}

void MOTOR_config(void)
{
    GPIO_InitTypeDef gpio;
    RCC_APB2PeriphClockCmd(RCC_APB2Periph_GPIOC,ENABLE);
    gpio.GPIO_Mode = GPIO_Mode_AF_PP ;
    gpio.GPIO_Pin = GPIO_Pin_6;
    gpio.GPIO_Speed = GPIO_Speed_2MHz ;
    GPIO_Init(GPIOC,&gpio);
    gpio.GPIO_Mode = GPIO_Mode_AF_PP ;
    gpio.GPIO_Pin = GPIO_Pin_12 | GPIO_Pin_7;
    gpio.GPIO_Speed = GPIO_Speed_2MHz ;
    GPIO_Init(GPIOC,&gpio);
}
```

```c
void KEY_config(void)
{
    GPIO_InitTypeDef gpio;
    RCC_APB2PeriphClockCmd(RCC_APB2Periph_GPIOC,ENABLE);
    gpio.GPIO_Mode = GPIO_Mode_IPU ;
    gpio.GPIO_Pin = GPIO_Pin_0 | GPIO_Pin_1 | GPIO_Pin_2 | GPIO_Pin_3;
    GPIO_Init(GPIOC,&gpio);
}

uint8_t KEY_scan(void)
{
    uint8_t rtl;
    if((GPIO_ReadInputData(GPIOC) & 0xf) == 0xf)
        return 0xff;
    delay_ms(10);
    if((GPIO_ReadInputData(GPIOC) & 0xf) == 0xf)
        return 0xff;
    rtl = GPIO_ReadInputData(GPIOC) & 0xf;
    while((GPIO_ReadInputData(GPIOC) & 0xf) != 0xf);
    return rtl;
}

void PWM_config(void)
{
    TIM_TimeBaseInitTypeDef tim;
    TIM_OCInitTypeDef oc;
    RCC_APB1PeriphClockCmd(RCC_APB1Periph_TIM3,ENABLE);
    tim.TIM_CounterMode = TIM_CounterMode_Up;
    tim.TIM_Prescaler = 719;
    tim.TIM_Period = 999;
    TIM_TimeBaseInit(TIM3,&tim);
    oc.TIM_OCMode = TIM_OCMode_PWM1;
    oc.TIM_OutputState = TIM_OutputState_Enable;
    oc.TIM_OCPolarity = TIM_OCPolarity_High;
    oc.TIM_Pulse = 999;
    TIM_OC1Init(TIM3,&oc);
    TIM_Cmd(TIM3,ENABLE);
}

int main(void)
{
    uint16_t pwm=1000;
    uint8_t running=0;
    uint8_t cw = 0;
    MOTOR_config();
    KEY_config();
```

```c
    PWM_config();
    while(1)
    {
        switch(KEY_scan())
        {
            case 0xe:
                if(!running)
                {
                    running = 1;
                    GPIO_SetBits(GPIOC,GPIO_Pin_12);
                }
                else
                {
                    running = 0;
                    GPIO_ResetBits(GPIOC,GPIO_Pin_12);
                }
                break;
            case 0xd:
                if(!cw)
                {
                    cw = 1;
                    GPIO_SetBits(GPIOC,GPIO_Pin_7);
                }
                else
                {
                    cw = 0;
                    GPIO_ResetBits(GPIOC,GPIO_Pin_7);
                }
                break;
            case 0xb:
                pwm >>= 1;
                if(pwm < 125)
                {
                    pwm = 125;
                }
                TIM_SetCompare1(TIM3,pwm);
                break;
            case 0x7:
                pwm <<= 1;
                if(pwm > 1000)
                {
                    pwm = 1000;
                }
                TIM_SetCompare1(TIM3,pwm);
                break;
        }
    }
}
```

6.4 总结

在已经掌握定时器基本使用方法的前提下，本项目以 LED 灯调光、直流电机调速为载体，介绍了 PWM 原理及 STM32 PWM 的使用方法。

学习巩固与考核

1. 画出 H 桥电路，并编写电机正反转控制程序。 1.1 画出 H 桥电路图。 1.2 编写程序（只编写主函数）。	笔记：

1.3　调试中是否遇到了问题？遇到了什么问题？是怎么解决的？

考核评价：

    教师评价：

    小组评价：

项目学习心得体会：

项目 7　旋转线阵 LED 时钟设计与实现

项目介绍		
项目描述		本项目为使用 GPIO 基本功能和定时器的综合项目。在定时器的辅助下，GPIO 有规律地控制 LED 灯，使只有单排的 LED 灯在旋转机构的帮助下完成图形、文字的显示
教学目标	知识目标	掌握 DS1302 的串行通信接口知识
	能力目标	1．掌握 DS1302 的程序编写； 2．掌握旋转线阵 LED 数字时钟的程序编写
	素养目标	1．了解 STM32 的编程规范； 2．学会团结协作，同学之间互相查缺补漏； 3．学会查找最新器件相关资料
项目准备		1．学习开发套件 1 套； 2．配套教材 1 本； 3．计算机 1 台； 4．旋转线阵 LED 套件 1 套

7.1　旋转线阵 LED 简介

所谓旋转线阵 LED，是指线性排列的一组 LED 灯，在其旋转机构（电机）的带动下，完成一个面的图形、文字显示的装置，其原理与数码管的动态显示类似。

多位一体数码管的硬件电路，从理论上分析不可能实现在不同数码管上同时显示不同内容。为了让数码管能够在视觉上实现同时显示不同内容，所采用的方法就是利用人眼的"余辉效应"，在短时间内快速切换不同的数码管显示内容，当切换速度足够快时，人眼看来就是所有的数码管同时点亮。这种显示方式通常称为动态扫描显示。

旋转线阵 LED 的显示原理也是动态扫描显示。数码管的动态扫描是利用"位选通"信号来控制点亮的数码管的，而旋转线阵 LED 是借助电机的高速旋转来实现动态扫描的。在程序控制上，只需要在电机特定的角度，点亮特定的 LED 灯即可。

7.2　旋转线阵 LED 时钟设计要求

在已有的旋转线阵 LED 机构上，设计软件实现以下功能：
● 开机自检，要求在上电时，所有 LED 灯依次点亮；
● 在平面上显示指针式时钟；
● 在立面上显示数字式时钟；
● 断电后时钟能正常走时。

旋转线阵 LED 显示效果如图 7-1 所示。

图 7-1　旋转线阵 LED 显示效果

7.3　总体设计

设计要求中，第一个功能最为基础，只需要依次点亮每个 LED 灯即可。第二、第三个功能求则要求显示具体的内容，可使用"取模"软件，按列取 10 个数字的字形码存于数组中，程序和数码管的动态显示程序大同小异。要满足最后一个要求，则需要使用 RTC（实时时钟），在断电时，由备用电源（通常为纽扣电池）给 RTC 供电，从而确保在断电后时钟能正常走时。选用 DS1302 专用时钟芯片，解决断电走时的问题。

实际上，STM32F103 内部集成了 RTC，只需要在设计电路时连接 32.768kHz 的晶振及 3V 电池。

7.4　DS1302 的使用

7.4.1　DS1302 简介

DS1302 最早由达拉斯（DALLAS）半导体公司推出，其成本低，外围电路简单，应用非常广泛。DS1302 的典型特性如下：

- 提供时、分、秒、年、月、日信息，闰年补偿到 2100 年；
- 工作电压：2.0～5.5V；
- 在 2.0V 时，工作电流低至 300nA；
- DIP8 或 SOIC8 封装；
- 3 线串行通信；
- 兼容 TTL 电平；
- 工作温度范围：-40℃～85℃。

7.4.2　DS1302 硬件电路设计

DS1302 外围电路非常简单，仅包含 8 个元器件，其电路如图 7-2 所示。

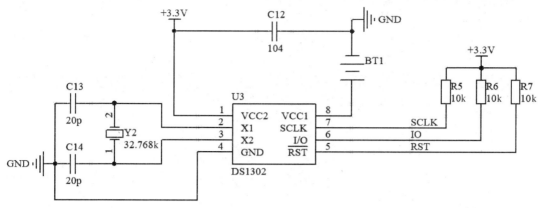

图 7-2 DS1302 外围电路图

图中，C13、C14 为 32.768kHz 晶振起振电容，C12 为 3.3V 电源的退耦电容，BT1 为纽扣电池，R5、R6、R7 为上拉电阻。DS1302 的 SCLK、I/O、$\overline{\text{RST}}$ 3 个引脚分别为串行通信的时钟信号、数据输入/输出端口，以及复位引脚。

7.4.3 DS1302 通信协议解析

使用外围元器件，其关键在于与外围元器件进行数据交互，即将外围元器件内的数据，通过通信协议将数据读取到微控制器中来；将微控制器中的数据，写到外围元器件中去。通信协议，就是使用外部元器件的关键。

一般而言，引脚数少的芯片通常使用串行通信方式。DS1302 使用的就是一种串行通信方式，但其与常见的 SPI、I^2C、1-wire 等通信方式又有区别。

DS1302 读写时序如图 7-3 所示。

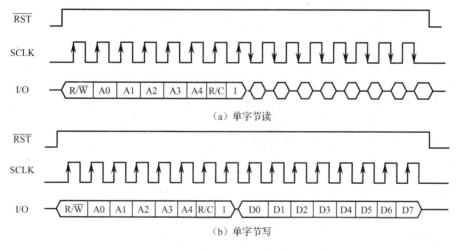

图 7-3 DS1302 读写时序图

根据时序图，通信开始前，$\overline{\text{RST}}$ 为低电平，SCLK 也为低电平。开始通信时，$\overline{\text{RST}}$ 置高电平。此时，I/O 的状态由微控制器决定，确定了 I/O 的电平后，SCLK 给出第一个上升沿，DS1302 将在上升沿时读取 I/O 的电平，因此在上升沿时 I/O 的电平不允许变化。当 SCLK 重新回到低电平后，微控制器修改 I/O 的电平，发送下一位数据，直至前 8 位数据发送完成。

接下来的 8 位数据，读数据和写数据存在差异。读数据时，DS1302 将在 SCLK 为下降沿时将数据经 I/O 引脚送出供微控制器读取；写数据时，DS1302 将在 SCLK 为上升沿时采集 I/O 引脚上的电平。

时序图中，完成一次单字节的读写，需要 2 个字节（16 位）的数据交互。前 1 个字节为指令，后 1 个字节为数据。指令字节的结构如图 7-4 所示。

1	R/C	A4	A3	A2	A1	A0	RD/WR

图 7-4　DS1302 指令字节的结构

图 7-4 中，第 7 位固定为 1，如果第 7 位为 0，通信指令将会被 DS1302 忽略。第 6 位为 R/C，即 RAM/CLOCK。DS1302 除可当 RTC 使用外，还可以当 RAM 使用，若要其工作在 RAM 模式，则该位为 1，否则该位为 0。本任务中，DS1302 充当 RTC 使用，所以该位为 0。第 5 至 1 位分别为 A4~A0，即地址位，这些位用来指定即将到来的读写操作对哪一个地址进行读写。第 0 位，RD/WR，即指定是需要读取数据还是需要写入数据，如要写入数据，则该位为 0；如要读取数据，则该位为 1。

7.4.4　DS1302 模块化程序

根据 DS1302 数据手册中对通信时序、协议及寄存器地址的描述，可写出模块化程序如下所示：

```c
#include "./ds1302/ds1302.h"
unsigned char DS1302_Write_RTC[7] = {0x80,0x82,0x84,0x86,0x88,0x8a,0x8c};
//写寄存器地址
unsigned char DS1302_Read_REC[7] = {0x81,0x83,0x85,0x87,0x89,0x8b,0x8f};
//读寄存器地址
// 秒、分、时、日、月、星期、年
unsigned char DS1302_TimeInit[7] = { 40, 13, 13, 25, 12, 5, 20};
//存储、年、月、日、时、分、秒、星期
unsigned char DS1302_Time[7];          //存储时间
//引脚初始化，写入
void DS1302_Write_Config(void)
{
    GPIO_InitTypeDef    ds1302_Init;
    RCC_APB2PeriphClockCmd(DS1302_CLK, ENABLE);
    ds1302_Init.GPIO_Pin = DS1302_SCLK | DS1302_RST;
    ds1302_Init.GPIO_Mode = GPIO_Mode_Out_PP;
    ds1302_Init.GPIO_Speed = GPIO_Speed_50MHz;
    GPIO_Init(DS1302_PORT, &ds1302_Init);
    ds1302_Init.GPIO_Pin = DS1302_IO;
    ds1302_Init.GPIO_Mode = GPIO_Mode_Out_OD;
    ds1302_Init.GPIO_Speed = GPIO_Speed_50MHz;
    GPIO_Init(DS1302_PORT, &ds1302_Init);
}
```

```c
//十进制转 BCD
unsigned char Decimalism_BCD(unsigned char dec)
{
        return ( ( (dec/10)<<4 ) | ( dec%10) );
}
//BCD 转十进制
unsigned char BCD_Decimalism(unsigned char bcd)
{
        return ( ( (bcd>>4)*10 ) + (bcd&0x0f) );
}
//写数据到 DS1302
void DS1302_Write(unsigned char add, unsigned char dat)
{
        int i;
        DS1302_SCLK_L;
        DS1302_RST_L;
        delay_us(1);
        DS1302_RST_H;
        for(i = 0; i < 8; i++)
        {
                if(add&0x01 == 1)
                        DS1302_IO_H;
                else
                        DS1302_IO_L;
                DS1302_SCLK_H;
                delay_us(1);
                DS1302_SCLK_L;
                delay_us(1);
                add >>= 1;
                delay_us(1);
        }
        for(i = 0; i < 8; i++)
        {
                if(dat&0x01 == 1)
                        DS1302_IO_H;
                else
                        DS1302_IO_L;
                DS1302_SCLK_H;
                delay_us(1);
                DS1302_SCLK_L;
                delay_us(1);
                dat >>= 1;
                delay_us(1);
        }
```

```
        DS1302_SCLK_H;
        DS1302_RST_L;
        delay_us(2);
}
//从 DS1302 读取数据
unsigned char DS1302_Read(unsigned char add)
{
        unsigned char i, dat;
        DS1302_SCLK_L;
        DS1302_RST_L;
        delay_us(2);
        DS1302_RST_H;
        for(i = 0; i < 8; i++)
        {
                if(add&0x01 == 1)
                        DS1302_IO_H;
                else
                        DS1302_IO_L;
                DS1302_SCLK_H;
                delay_us(1);
                DS1302_SCLK_L;
                delay_us(1);
                add >>= 1;
                delay_us(1);
        }
        for(i = 0; i < 8; i++)
        {
                dat >>= 1;
                if(GPIO_ReadInputDataBit(DS1302_PORT, DS1302_IO) == 1 ) dat |= 0x80;
                else dat &= 0x7f;
                delay_us(1);
                DS1302_SCLK_H;
                delay_us(1);
                DS1302_SCLK_L;
                delay_us(1);
        }
        DS1302_RST_L;
        delay_us(2);
        DS1302_SCLK_L;
        delay_us(2);
        DS1302_IO_H;
        delay_us(2);
        DS1302_IO_L;
        delay_us(5);
```

```
        return dat;
}
//初始化 DS1302
void DS1302_Init(void)
{
        int i;
        DS1302_Write(0x8e, 0x00);
//      if(DS1302_Read(0x81)>128)
//      {
                for(i = 0; i < 7; i++ )
                        DS1302_Write( DS1302_Write_RTC[i], Decimalism_BCD(DS1302_TimeInit[i]) );
//      }
        DS1302_Write(0x80, 0x00);
        DS1302_Write(0x8e, 0x80);
}
//读取时间
void DS1302_ReadTime(void)
{
        DS1302_Time[0] = BCD_Decimalism( DS1302_Read(0x8d) );      //年
        DS1302_Time[1] = BCD_Decimalism( DS1302_Read(0x89)&0x1f );//月
        DS1302_Time[2] = BCD_Decimalism( DS1302_Read(0x87)&0x3f );//日
        DS1302_Time[3] = BCD_Decimalism( DS1302_Read(0x85)&0x3f );//时
        DS1302_Time[4] = BCD_Decimalism( DS1302_Read(0x83)&0x7f );//分
        DS1302_Time[5] = BCD_Decimalism( DS1302_Read(0x81)&0x7f );//秒
        DS1302_Time[6] = BCD_Decimalism( DS1302_Read(0x8b)&0x07 );//星期
}
//写数据到指定寄存器
void Set_DS1302Time(unsigned char add, unsigned char dat)
{
        DS1302_Write(0x8e, 0x00);
        DS1302_Write( add, Decimalism_BCD(dat) );
        DS1302_Write(0x8e, 0x80);
}
```

7.5 旋转线阵 LED 的实现

旋转线阵 LED 主要包含 32 个由微控制器控制的 LED 灯，其电路图如图 7-5 所示。

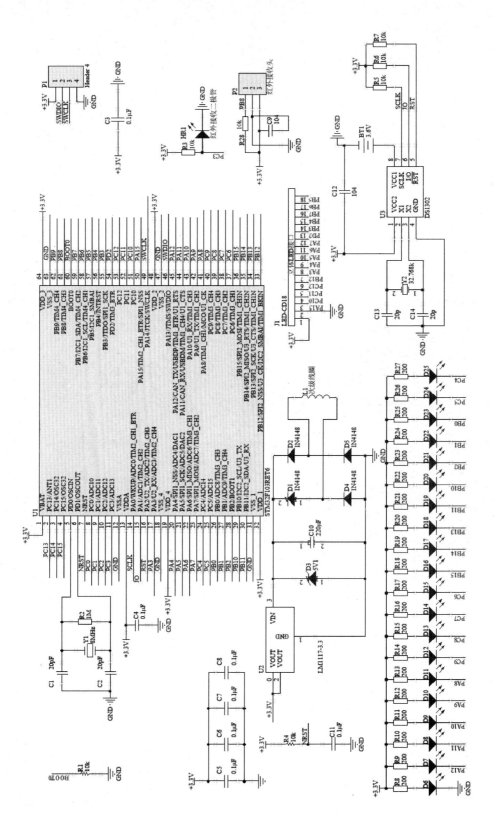

图7-5 旋转线阵LED原理图

结合 DS1302 知识和动态扫描的相关内容，可写出程序如下所示：

```
#include "stm32f10x.h"
#include "./timer/timer.h"
#include "./gpio_exti/gpio_exti.h"
#include "./led/led.h"
#include "./delay/delay.h"
#include "./ds1302/ds1302.h"
#include "./riqi.h"

unsigned char HW_Flog = 0;
unsigned char DISP_LIE = 0;
int GN = 0;
unsigned char hour;      //时
unsigned char min;       //分
unsigned char sec;       //秒
void GN_Disp(void);      //功能显示

/**********************
主函数
**********************/
int main(void)
{
    delay_init();
    LED_Init();
    DS1302_Write_Config();
//  DS1302_Init();             // DS1302 时间初始化
    BASIC_TIM6_Init();         //定时器
    BASIC_TIM7_Init();         //功能切换定时器
    BASIC_TIM2_Init();         //表盘定时器
    delay_ms(1000);
    delay_ms(600);
    GPIO_EXTI0_Init();         //红外
    while(1)
    {
        GN_Disp();
    }
}

void GN_Disp(void)         //功能显示
{
    int i;

    switch(GN)
    {
        case 1:
            LED_GN_1();        //功能（一）
```

```
            break;
        case 2:
            LED_GN_2();           //功能（二）
            break;
        case 3:                    //功能（三）
            DS1302_ReadTime();
            hour = 180 - ( DS1302_Time[3]*3 + DS1302_Time[4]/4); //时
            min = 180 - DS1302_Time[4]*3 ;   //分
            sec = 180 - DS1302_Time[5]*3;    //秒
            for(i = 32; i < 48; i++)
            {
                ri[i] = num[DS1302_Time[0]/10][i-32];
            }
            for(i = 48; i < 64; i++)
            {
                ri[i] = num[DS1302_Time[0]%10][i-48];
            }
            for(i = 96; i < 112; i++)
            {
                ri[i] = num[DS1302_Time[1]/10][i-96];
            }
            for(i = 112; i < 128; i++)
            {
                ri[i] = num[DS1302_Time[1]%10][i-112];
            }
            for(i = 160; i < 176; i++)
            {
                ri[i] = num[DS1302_Time[2]/10][i-160];
            }
            for(i = 176; i < 192; i++)
            {
                ri[i] = num[DS1302_Time[2]%10][i-176];
            }
            break;
    }
}


/*******************************
EXTI3 中断服务函数
*******************************/
void EXTI3_IRQHandler(void)
{
    if(EXTI_GetITStatus(EXTI_Line3) != RESET)
    {
        HW_Flog = 1;
        switch(GN)
```

```
                {
                    case 0:
                        TIM_Cmd(BASIC_TIM6, ENABLE);
                        DISP_LIE = 0;

                        break;
                    case 3:
                        BASIC_TIM2->CNT = 0X0000;
                        DISP_LIE = 0;
                        break;
                }
                EXTI_ClearITPendingBit(EXTI_Line3);
            }
        }


/****************************
TIM6 中断服务函数
****************************/
void TIM6_IRQHandler(void)
{
    char tt = 0x00;
    char tt1 = 0x00;
    char tt2 = 0x00;
    char lt_tt = 0x00;
    char lt_tt1 = 0x00;
    static int Tim = 0;
    static unsigned char temp = 0x04;
    static unsigned char temp1 = 0x80;
    static char temp_flog = 0;
    static char temp1_flog = 0;
    LED_OFF();
    if( TIM_GetITStatus(TIM6, TIM_IT_Update) != RESET )
    {
        if(DISP_LIE == 180)DISP_LIE = 0;
        switch(temp_flog)
        {
            case 0:
                tt = temp;
                break;
            case 1:
                tt1 = temp;
                break;
            case 2:
                tt2 = temp;
                break;
            default:
```

```
                    TIM_Cmd(TIM6, DISABLE);
                    TIM_Cmd(TIM7, ENABLE);
                    LED_OFF();
            }
        switch(temp1_flog)
        {
                case 0:
                    lt_tt = temp1;
                    break;
                case 1:
                    lt_tt1 = temp1;
                    break;
        }
        if(DISP_LIE >= 20 && DISP_LIE <= 80 )
                LED_Disp_A_ROW(tt, tt1, tt2, lt_tt, lt_tt1);
        else
                LED_Disp_A_ROW(tt, tt1, tt2, 0x00, 0x00);
        if(Tim == 500)
        {
                Tim = 0;
                temp >>= 1;
                temp1 >>= 1;
        }
        if(temp == 0x00)
        {
                temp_flog++;
                temp = 0x80;
        }
        if(temp1 == 0x00)
        {
                temp1_flog++;
                temp1 = 0x80;
        }
        Tim++;
        DISP_LIE++;
        TIM_ClearITPendingBit(TIM6 , TIM_FLAG_Update);
    }
}
/***************************
TIM7 中断服务函数
//功能切换定时器
***************************/
void TIM7_IRQHandler(void)
{
    static int time = 0;
    if( TIM_GetITStatus( TIM7, TIM_IT_Update) != RESET )
```

```
        {
            switch(GN)
            {
                case 0:                 //等待 2s
                    if(time == 2)
                    {
                        GN = 1;
                        time = 0;
                    }
                    break;
                case 1:
                    if(time == 5)
                    {
                        GN = 2;
                        time = 0;
                    }
                    break;
                case 2:
                    if(time == 10)
                    {
                        GN = 3;
                        time = 0;
                        TIM_Cmd(TIM2, ENABLE);
                        TIM_Cmd(TIM7, DISABLE);
                    }
                    break;
            }
            time++;
            TIM_ClearITPendingBit(TIM7 , TIM_FLAG_Update);
        }
}


void TIM2_IRQHandler(void)            //表盘
{
    unsigned char PM_t = 0x00;
    unsigned char PM_t1 = 0x00;
    unsigned char PM_t2 = 0x01;
    unsigned char temp1,temp2;        //计算值
    LED_OFF();
    if( TIM_GetITStatus( TIM2, TIM_IT_Update) != RESET )
    {
        if ( DISP_LIE == 180 ) DISP_LIE = 0 ; //列计数>最大值，清零
        switch(DISP_LIE)
        {
            case 0: case 45: case 90: case 135:               //长刻度
                PM_t2 |= 0x0e;
```

```
                    case 15: case 30: case 60: case 75: case 105:    //中刻度
                    case 120: case 150: case 165:
                          PM_t2 |= 0x07;
                    default:   if(DISP_LIE%3 == 0)   PM_t2 |= 0x03;   //短刻度
              }
              if(hour == DISP_LIE)
              {
                    PM_t |= 0xff;
                    PM_t1 |= 0xf0;
              }
              if(min == DISP_LIE)          //分
              {
                    PM_t |= 0xff;
                    PM_t1 |= 0xff;
              }
              if(sec == DISP_LIE)          //秒
              {
                    PM_t |= 0xff;
                    PM_t1 |= 0xff;
                    PM_t2 |= 0xe0;
              }
              //判断箭头
              temp1 = hour-1;
              if(temp1 > 190) temp1 = 180;
              temp2 = hour+1;
              if(temp2 > 180) temp2 = 0;
              if( DISP_LIE == temp1 ||  DISP_LIE == temp2 )          //时
                    PM_t1 |= 0x60;
              temp1 = hour-2;
              if(temp1 > 190) temp1 = 255-temp1;
              temp2 = hour+2;
              if(temp2 > 180) temp2 = temp2-180;
              if( DISP_LIE == temp1 ||  DISP_LIE == temp2 )          //时
                    PM_t1 |= 0x40;
              temp1 = min-1;
              if(temp1 > 190) temp1 = 180;
              temp2 = min+1;
              if(temp2 > 180) temp2 = 0;
              if( DISP_LIE == temp1 ||  DISP_LIE == temp2 )    //分
                    PM_t1 |= 0x06;
              temp1 = min-2;
              if(temp1 > 190) temp1 = 255-temp1;
              temp2 = min+2;
              if(temp2 > 180) temp2 = 180-temp2;
              if( DISP_LIE == temp1 ||  DISP_LIE == temp2 )    //分
                    PM_t1 |= 0x04;
```

```
            temp1 = sec-1;
            if(temp1 > 190) temp1 = 180;
            temp2 = sec+1;
            if(temp2 > 180) temp2 = 0;
            if( DISP_LIE == temp1 ||  DISP_LIE == temp2 )    //分
                 PM_t2 |= 0xC0;
            temp1 = sec-2;
            if(temp1 > 190) temp1 = 255-temp1;
            temp2 = sec+2;
            if(temp2 > 180) temp2 = 180-temp2;
            if( DISP_LIE == temp1 ||  DISP_LIE == temp2 )    //分
                 PM_t2 |= 0x80;
            if(DISP_LIE>=20 && DISP_LIE<132)
                 LED_Disp_A_ROW(PM_t, PM_t1, PM_t2, ri[(DISP_LIE-20)*2], ri[(DISP_LIE-20)*
2+1] );

            else
                 LED_Disp_A_ROW(PM_t, PM_t1, PM_t2, 0x00, 0x00);
            DISP_LIE++;
            TIM_ClearITPendingBit(TIM2 , TIM_FLAG_Update);
        }
    }
```

7.6　总结

　　旋转线阵 LED 是小型综合应用，主要涉及 GPIO 操作、TIM 的使用及 DS1302 的使用，需要定时器、GPIO 配合使用，涉及过程中多个功能的调度，是程序设计中的重点、难点。

　　本项目引入 DS1302，旨在介绍阅读时序图、通信协议的方法。在实际项目设计中，需要大量使用外围元器件，也存在大量的数据交互。因此，掌握数据手册的阅读方法，是一名合格工程师的基本素养。

学习巩固与考核

	笔记：
1. 在立面上显示数字时钟。 1.1 编写程序。 1.2 调试中是否遇到了问题？遇到了什么问题？是怎么解决的？	

考核评价：	项目学习心得体会：
教师评价：	
小组评价：	

项目 8　简易示波器设计与实现

项目介绍		
项目描述	本项目为一个综合项目，通过对软硬件的设计，完成一款简易示波器。为更好地实现功能，将在已介绍功能模块的基础上，拓展高级使用方式	
教学目标	知识目标	掌握直接内存访问（DMA）知识
	能力目标	能综合已学习的 STM32 功能，完成简易示波器的设计与实现
	素养目标	1. 了解 STM32 的编程规范； 2. 学会团结协作，同学之间互相查缺补漏； 3. 学会查找最新器件相关资料
项目准备	1. 学习开发套件 1 套； 2. 配套教材 1 本； 3. 计算机 1 台； 4. 简易示波器套件 1 套	

8.1　示波器简介

示波器是电子工程师进行调试必不可少的仪器之一，其功能是将信号以波形的形式呈现在显示装置上，以便工程师能够更好地对信号的类型、幅度、频率等参数进行分析。

一般而言，示波器的主要性能指标包括带宽、最高采样频率、输入通道数等。带宽主要指被测信号的最高频率，是示波器最重要的参数之一。

8.2　简易示波器参数要求

完成简易示波器的设计前，必须明确其主要参数。为简化设计，给出示波器参数如下所示：

➢ 带宽：20kHz；

➢ 采样频率：最高 200kHz；

➢ 单通道；

➢ 支持单端信号及差分信号；

➢ 能够对被测信号的频率、有效值、峰-峰值等主要参数进行测量；

➢ 输入信号范围：（10mV～2V）峰-峰值。

8.3　简易示波器总体设计

简易示波器包含电源、信号调理电路、显示设备、输入设备及最小系统，系统框图如图 8-1 所示。

简易示波器的基本实现思路是：通过 STM32 片上 ADC 按照一定的采样频率采集若干数据，并将其经过一系列运算后，在显示屏上标出，经连线后，成为一个波形图。

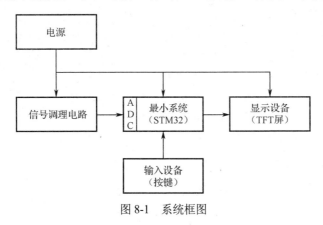

图 8-1   系统框图

8.4   简易示波器硬件设计

需要完成的测量任务，有时会无法确定被测信号的幅度范围及频率范围。对于 STM32 片上 ADC 而言，输入信号的幅度范围只能为 0～3.3V。为保证测量精度，被测信号峰-峰值不能太小（小于 10mV），且不能为过零信号。为达到上述目的，就必须设计一套可行的硬件电路，能够对被测信号完成放大、叠加直流分量等处理，并能够辅助 STM32 完成频率测量，以便选择合适的采样频率。

8.4.1   电源电路

电源是保证一个电子产品正常运行的基础。本简易示波器在设计时选用 USB 接口供电，USB 接口的电压为+5V，对于 STM32 部分，需要采取+5V 转+3.3V 的降压电路。为使运算放大器的性能得到充分发挥，采取±5V 双电源供电的方式，将+5V 电源转为-5V 则需要使用电荷泵电路，可选用集成电路 ICL7660。电源部分电路如图 8-2 所示。

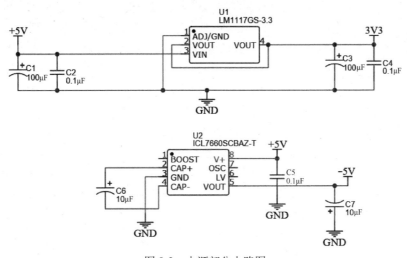

图 8-2   电源部分电路图

8.4.2　信号调理电路

由于输入信号的幅度未知，因此放大电路的放大倍数不能为固定值。在模拟电子课程中，常使用精密电位器来调整放大器的放大倍数，但是这种方式不适用于本设计。由于示波器必须能够显示输入信号的峰-峰值等信息，因此，放大器的放大倍数对于 STM32 来说必须是已知的，否则无法计算输入信号的相关信息。由此可知，本设计需要使用程控放大器。

程控放大器的实现方式有很多，常见的如使用数字电位器作为反馈电阻，通过单片机与数字电位器通信，调整其阻值，从而实现放大倍数可控的目的。此外，也可直接利用 DAC（数/模转换器）内部的电阻网络作为反馈电阻，同样可以达到反馈电阻可控的目的。本设计选用的方式为使用模拟开关切换反馈电阻。信号调理部分电路图如图 8-3 所示。

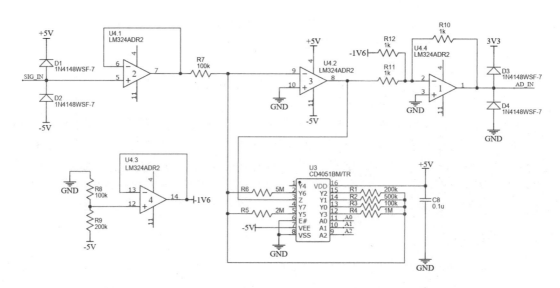

图 8-3　信号调理部分电路图

该电路主要由四运放 LM324、模拟开关 CD4051 及相关电容、电阻组成。从图中可以看出，整个信号调理电路的输入为 SIG_IN，待测信号从该点输入，经过 D1、D2 两个二极管限幅后，输入到由 U4.1 组成的跟随器的信号应该为最大值不超过 5V、最小值不超过-5V 的信号。U4.2 和 U3 构成的程控反相放大器为该部分电路的核心，反相放大器的输入电阻为大小为 100kΩ 的 R7，单片机控制 U3 的引脚 9、10、11，从 R1～R6 中选择一个电阻作为反馈电阻，放大倍数依次为 2、5、1、10、20、5。此时的信号中可能包含负电压，因此考虑叠加一个直流分量到信号中，再进行依次反相放大，使得信号的范围尽量落在 0～3.3V 内。因此，最后一级电路可以先将信号反相，再叠加一个接近 1.65V（3.3V 的一半）的直流分量，也可以先叠加一个接近-1.65V 的直流电压，再反相。图 8-3 中的电路选择了后者，R9 和 R8 分压后，得到一个约为 1.6667V 的电压，再将该电压经过跟随器后，作为 U4.4 构成的反相加法器的一个输入，另一个输入则是程控放大器的输出。

反相加法器的输出经过 D3、D4 组成的限幅电路，保证信号调理部分电路最终输出电压范围为 0～3.3V，从而避免损坏 STM32 片上的 ADC。

调理电路板测试效果如图 8-4 所示。

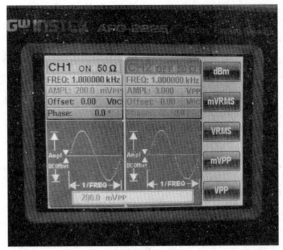

（a）测试输入信号

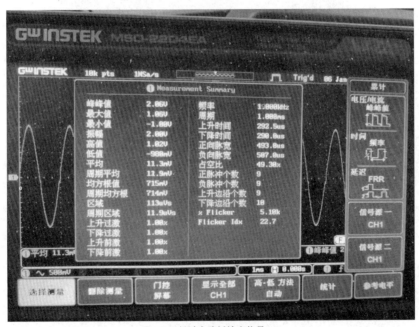

（b）经过电路板输出信号

图 8-4　调理电路板测试效果图

由实际测试效果可以看出，在性能指标要求范围内，无论信号的幅度大或者小，都可以通过信号调理电路，选择合适的放大倍数使其电压范围为 0～3.3V。

8.4.3　其他硬件电路

其他硬件电路包括 STM32 的最小系统、按键电路、显示部分电路。其中，最小系统、按键电路在前面已有详细介绍，在此不再赘述。为提升显示效果，需要使用彩色并行显示屏，该类显示模块种类很多，本设计选用了正点原子的 2.8 寸 TFT LCD（并行接口）。

一般而言，串行接口的器件与 MCU 的连线少，可以降低 PCB 设计时的难度。但是，由于串行接口的通信速度相对较慢，用作显示器与 MCU 通信接口时显示内容的更新不及时，将影响显示效果。因此，串行接口的显示屏通常用在需要更新显示内容较少的场景中。本设计显示内容更新多，需要选择并行接口显示屏。

STM32F103VE 以上密度（中密度、高密度）的产品都提供 FMSC（可变静态存储控制器）接口，连接并行接口器件时，通常可以将器件连接到该接口上，使得输入/输出时序由 FMSC 进行管理，简化代码的编写。但是，FMSC 接口有非常严格的 GPIO 要求，PCB 设计难度较大。本设计中虽使用并行接口显示屏，但是并未连接 FMSC，而是选择了灵活度更高的模拟并行总线的形式，如图 8-5 所示。

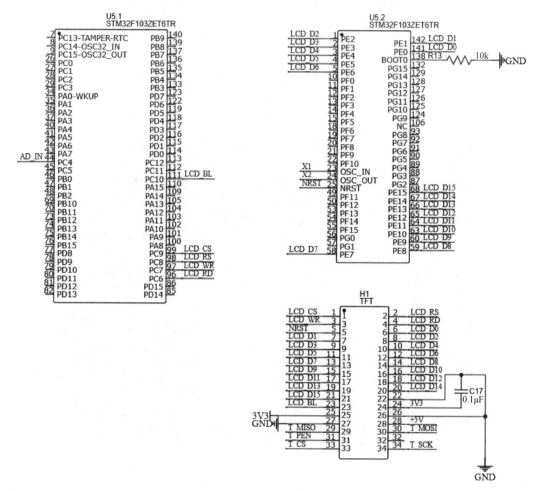

图 8-5　TFT 屏电路图

8.5　简易示波器软件设计

8.5.1　TFT 屏显示

示波器的作用主要是将被测信号以图形化的形式呈现给使用者，测量并显示峰-峰值、均方根值等波形参数。本简易示波器选用的 2.8 寸 TFT 屏分辨率为 320 像素×280 像素，除绘制坐标轴及预留参数显示区域外，可以在水平方向留出 200 个像素点、在垂直方向留出 150 个像素点的区域用作波形显示。坐标轴显示效果如图 8-6 所示。

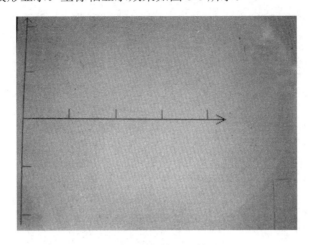

图 8-6 坐标轴显示效果

波形绘制部分主要是利用波形信号采样得到量化电压值，电压值的大小将决定该采样点在垂直方向所处的位置。由于水平方向可显示 200 个像素点，因此，在采样时可以采集 200 个数据，更新绘制一次。

绘图是指借助 TFT 屏驱动中的画线函数，将 2 个相邻的采样点经过垂直坐标换算后用画线函数连接起来。该部分代码如下所示：

```
void OSC_DrawWave(void)
{
    uint16_t x=11;
    uint16_t y_old=120;
    float volt;
    float div;
    int16_t y;
    uint16_t i;
    POINT_COLOR=BLUE; //指定接下来所有图形的颜色
    for(i=0;i<200;i++)
    {
        volt = (adcValue[i] * 0.0008 - OSC_OFFSET) / 5.0; //计算采样电压值
        div = volt / (oscPara.vdiv / 1000.0);   // 根据设定的每格电压值计算当前电压坐标值
        y = 120 - div * 50;
        if(y < 0) //限幅
        {
            y = 0;
        }
        if(y > 239) //限幅
        {
            y = 239;
        }
        if(x > 210)
        {
```

```
                x = 11;
            }
            LCD_Fill(x,0,x+5,119,WHITE); //擦除上一次绘图内容
            LCD_Fill(x,121,x+5,240,WHITE);
            LCD_DrawLine(x-1,y_old,x,y); //画线
            x++;
            y_old = y;
        }
        OSC_drawBase(); //重绘坐标轴
    }
```

8.5.2 ADC 及 DMA

ADC 的基本内容在前面已有介绍，本节着重介绍前面未涉及的功能。

ADC 是示波器中非常重要的环节，波形最终是通过 ADC 采集电压信号得来的。根据奈奎斯特采样定理，要使被采样的信号能够被还原，采样频率至少是被采样信号频率的 2 倍。为保证波形的效果，采样频率越高，在显示屏上显示出的波形效果越好。通常 100MHz 带宽的示波器，其采样频率通常在 1GHz 以上。泰克 TBS1000C/X 系列示波器主要参数如图 8-7 所示。从图中可以看出，除 TBS1202C 外，其他型号示波器的采样频率都在模拟带宽的 10 倍以上。本设计中简易示波器要求带宽为 20kHz，因此，采样频率应该为 200kHz。

型号	模拟带宽	采样率	记录长度	模拟通道
TBS1072C	70 MHz	1 GS/s	20k 点	2
TBS1102C	100 MHz	1 GS/s	20k 点	2
TBS1202C	200 MHz	1 GS/s	20k 点	2
TBS1102X	100 MHz	1 GS/s	20k 点	2

图 8-7 泰克 TBS1000C/X 系列示波器主要参数

结合前面的内容，可以将 ADC 配置成独立、单次采样模式。以 200kHz 采样频率（即采样周期为 5μs）为例，通过配置 5μs 定时器中断，在定时器中断中，用软件启动 ADC 转换，并储存采样结果。完成 200 个采样点的采样后，即可开始调用波形绘制函数。重复执行这一过程，即可完成示波器的基本功能。

定时器的频繁中断，会严重影响 CPU 的运行效率。200kHz 的采样过程，数据从 ADC 的数据寄存器（ADC_DR）到内存中某一段连续存储区域（数组），这一过程在 STM32F103 中，可以不需要 CPU 参与，而使用直接内存访问控制器（DMA）。

STM32F103 的 DMA 提供了外设到内存、内存到内存的高速数据传输方式，传输过程不需要 CPU 参与。采样过程是典型的从外设到内存的数据传输过程，因此使用 DMA 可以降低 CPU 的工作压力，提高 CPU 的工作效率。

ADC 转换完成后，可以触发 DMA 数据传输，将 ADC_DR 寄存器中的数据传输到指定

的内存地址中,可以设置定时器作为 ADC 的起始转换触发条件(无外部触发)。整个采样过程转变为定时器每 5μs 触发一次 ADC 转换,ADC 转换完成后,在 DMA 控制器的协调下,将转换数据从 ADC 传输到指定的内存地址中,当采样点数达到预设值(本例中为 200)时,触发 DMA 传输完成中断。一个完整采样周期的 200 次中断简化为 1 次中断。

ADC 及 DMA 配置代码如下所示,指定 TIM3 作为 ADC 的外部触发事件,启动 TIM3 后,即开始 ADC 转换,直到 200 次转换完成。

```
void ADC1_Mode_Config(void)
{
//配置 DMA
DMA_InitTypeDef DMA_csh;
ADC_InitTypeDef ADC_csh;
TIM_TimeBaseInitTypeDef TIM_TimeBaseStructure;
NVIC_InitTypeDef NVIC_InitStructure;
ADC1_RCC_Config();
ADC1_GPIO_Config();
RCC_AHBPeriphClockCmd(RCC_AHBPeriph_DMA1,ENABLE);
DMA_DeInit(DMA1_Channel1);                //DMA 复位,通道 1
DMA_csh.DMA_PeripheralBaseAddr = ADC1_DR_Address; //ADC1 地址
DMA_csh.DMA_MemoryBaseAddr = (unsigned int)adcValue; //内存地址
DMA_csh.DMA_DIR = DMA_DIR_PeripheralSRC;
DMA_csh.DMA_BufferSize = SAMPDEPTH;                //缓冲大小为采样深度
DMA_csh.DMA_PeripheralInc = DMA_PeripheralInc_Disable; //外设地址固定
DMA_csh.DMA_MemoryInc = DMA_MemoryInc_Enable;       //内存地址自增
DMA_csh.DMA_PeripheralDataSize = DMA_PeripheralDataSize_HalfWord;
DMA_csh.DMA_MemoryDataSize = DMA_MemoryDataSize_HalfWord;
DMA_csh.DMA_Mode = DMA_Mode_Circular;             //循环传输
DMA_csh.DMA_Priority = DMA_Priority_High;          //DMA 优先级高
DMA_csh.DMA_M2M = DMA_M2M_Disable;
DMA_Init(DMA1_Channel1,&DMA_csh);              //写入 DMA1 配置参数
DMA_Cmd(DMA1_Channel1,ENABLE);                //使能 DMA1 通道 1
DMA_ITConfig(DMA1_Channel1,DMA_IT_TC,ENABLE);       //使能 DMA CH1 中断
NVIC_InitStructure.NVIC_IRQChannel = DMA1_Channel1_IRQn;
NVIC_InitStructure.NVIC_IRQChannelPreemptionPriority = 1;
NVIC_InitStructure.NVIC_IRQChannelSubPriority = 1;
NVIC_InitStructure.NVIC_IRQChannelCmd = ENABLE;
NVIC_Init(&NVIC_InitStructure);
//配置 TIM3 工作在 18MHz,为 A/D 提供触发
RCC_APB1PeriphClockCmd(RCC_APB1Periph_TIM3,ENABLE);
TIM_TimeBaseStructInit(&TIM_TimeBaseStructure);
TIM_TimeBaseStructure.TIM_Period = 99;
TIM_TimeBaseStructure.TIM_Prescaler = 35;
TIM_TimeBaseStructure.TIM_ClockDivision = TIM_CKD_DIV1;
TIM_TimeBaseStructure.TIM_CounterMode = TIM_CounterMode_Up;
TIM_TimeBaseInit(TIM3,&TIM_TimeBaseStructure);
TIM_SelectOutputTrigger(TIM3,TIM_TRGOSource_Update);
```

```
//使用 TIM3 事件更新作为 ADC 触发
//配置 ADC
ADC_csh.ADC_Mode = ADC_Mode_Independent;        //ADC 独立模式
ADC_csh.ADC_ScanConvMode = DISABLE;             //关闭扫描模式
ADC_csh.ADC_ContinuousConvMode = DISABLE;       //连续 A/D 转换开启
ADC_csh.ADC_ExternalTrigConv = ADC_ExternalTrigConv_T3_TRGO;
//由 TIM3 提供的触发事件触发 A/D 转换
ADC_csh.ADC_DataAlign = ADC_DataAlign_Right;    //数据右对齐
ADC_csh.ADC_NbrOfChannel = 1;                   //1 个转换通道
ADC_Init(ADC1,&ADC_csh);                        //写入 ADC1 配置参数
ADC_RegularChannelConfig(ADC1,ADC_CHANNEL1,1,ADC_SampleTime_1Cycles5);
//采样速率 1MHz
ADC_DMACmd(ADC1,ENABLE);                        //使能 ADC1 DMA
ADC_ExternalTrigConvCmd(ADC1,ENABLE);           //打开 ADC1 外部触发
ADC_Cmd(ADC1,ENABLE);                           //使能 ADC1
ADC_ResetCalibration(ADC1);                     //复位校准寄存器
while(ADC_GetResetCalibrationStatus(ADC1));     //等待校准寄存器复位完成
ADC_StartCalibration(ADC1);                     //开始校准
while(ADC_GetCalibrationStatus(ADC1));          //等待校准完成
TIM_Cmd(TIM3,ENABLE);
}
```

当 200 次采样完成后，DMA 将触发中断。在中断服务函数中需要关闭 TIM3，否则一个新的 200 次采样周期又会开启，同时将采样完成标志位置位。在主函数中，若检测到该标志位置位，则可开始绘图，代码如下所示。

```
void DMA1_Channel1_IRQHandler()
{
    DMA_ClearFlag(DMA1_FLAG_TC1);    //清除 DMA 传输完成中断标志位
    TIM_Cmd(TIM3,DISABLE);           //关闭 TIM3
    adcSampleComplete = 1;           //标志位置位，可开始绘图
}
```

8.5.3　其他

屏显和 ADC 采样是示波器的核心部分，除此之外，还需要完成按键交互逻辑、波形参数计算等功能。

按键部分主要功能为调节时间轴、幅度轴刻度。幅度轴刻度调节部分要设计两个按钮，一个按钮用于增加、一个按钮用于减小。调节的方式则是修改幅度等级，该等级一方面决定屏显幅度轴刻度，另一方面将影响纵轴坐标的计算。时间轴调节同样需设置两个按钮，时间轴的调节是通过直接更改 ADC 的采样频率来实现的，同样是采集 200 个点，当采样频率不同时，对于同一个信号，呈现出的波形将存在一定的差异。

波形参数主要包括峰-峰值、最大值、最小值、频率和均方根值。完成采样后，最大值和最小值是可以通过比较直接找到的，再将最大值减去最小值可得到峰-峰值。均方根值也称为有效值，其计算方法是将一个周期内的电压值先平方，再平均，再开平方。该部分代码如下所示：

```c
void OSC_showParameter(void)
{
    uint16_t vmax=0,vmin=65535;
    uint16_t i;
    double f=0.0,f1=0.0;
    for(i=0;i<200;i++)
    {
        if(adcValue[i] > vmax)
        {
            vmax = adcValue[i];
            oscPara.vmax_index = i;
        }
        if(adcValue[i] < vmin)
            vmin = adcValue[i];
        if(oscPara.AC)
            f += (adcValue[i] * 0.0008 - OSC_OFFSET) * (adcValue[i] * 0.0008 - OSC_OFFSET);
        else
        {
            f += (adcValue[i] * 0.0008) * (adcValue[i] * 0.0008);
            f1 += (adcValue[i] * 0.0008 - OSC_OFFSET) * (adcValue[i] * 0.0008 - OSC_OFFSET);
        }
    }
    f /= 200.0;
    f1 /= 200.0;
    oscPara.vrms = sqrt(f);
    oscPara.vrms_ac = sqrt(f1);
    if(oscPara.AC)
    {
        oscPara.vpp = (vmax-vmin) * 0.0008;
        oscPara.vmax = vmax * 0.0008 - OSC_OFFSET;
        oscPara.vmin = vmin * 0.0008 - OSC_OFFSET;
    }
    else
    {
        oscPara.vpp = (vmax-vmin) * 0.0008;
        oscPara.vmax = vmax * 0.0008;
        oscPara.vmin = vmin * 0.0008;
    }
    POINT_COLOR=RED;
    sprintf(show,"vpp=%.2fV ",oscPara.vpp);
    LCD_Fill(200,20,320,39,WHITE);
    LCD_ShowString(200,20,320,240,16,show);
    sprintf(show,"vmin=%.2fV ",oscPara.vmin);
    LCD_ShowString(200,40,320,240,16,show);
    sprintf(show,"vmax=%.2fV ",oscPara.vmax);
    LCD_ShowString(200,60,320,240,16,show);
```

```
        sprintf(show,"vrms=%.2fV",oscPara.vrms);
        LCD_ShowString(200,80,320,240,16,show);
    }
```

8.5.4　效果展示

所有功能完成后，则可实现简易示波器的功能。简易示波器效果如图 8-8 所示。

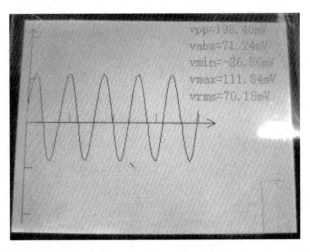

图 8-8　简易示波器效果图

8.6　总结

简易示波器是一个综合性相对比较强的项目，模拟前端的设计是保证采样准确性、可靠性的前提。同时，在一个电子产品设计过程中，硬件设计是产品设计的基础，优秀的硬件设计，一方面可以简化程序设计，另一方面可以提高系统的稳定性，更能够对产品的成本进行有效管控。

实际工作中接触到的示波器，除最基本的波形显示功能外，还有一些高级功能，如自动调节时间轴和幅度轴。该功能实现难度并不高，可先对被采样信号进行频率测量，根据其频率选择合适的采样频率；再根据信号最大值与最小值之间的差异，选择合适的幅度刻度。

本项目中原理图均使用国产 EDA 软件绘制。

学习巩固与考核

	笔记:
1. 增加电路，使得示波器能够实现自动调整时间轴分度的功能。 1.1 画出新增加部分电路原理图。 1.2 编写程序（只编写主函数）。	

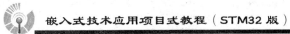

1.3 调试中是否遇到了问题？遇到了什么问题？是怎么解决的？	
考核评价：	项目学习心得体会：
教师评价： 　小组评价：	

附录 A 开发板原理图

顶层原理图：

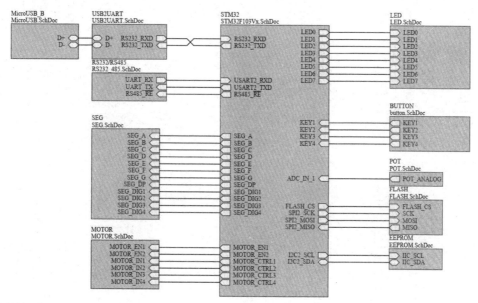

电源部分：

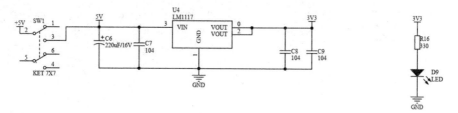

LED 部分：

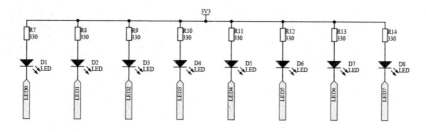

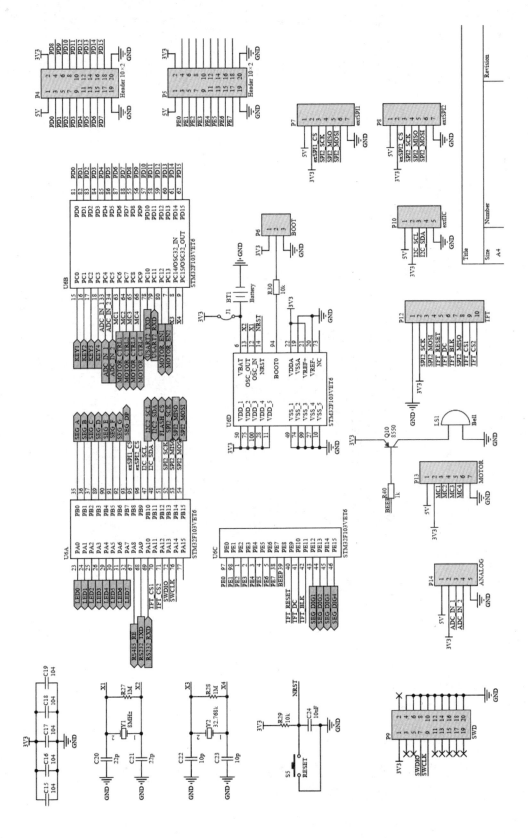

MCU 部分：

USB 转 UART 部分：

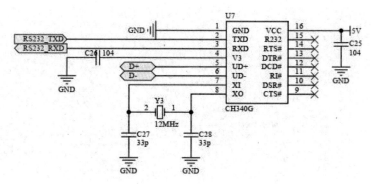

数码管部分：

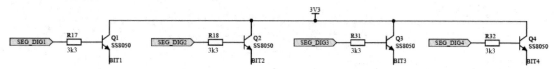

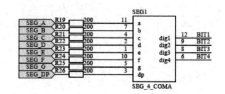

电机驱动部分：

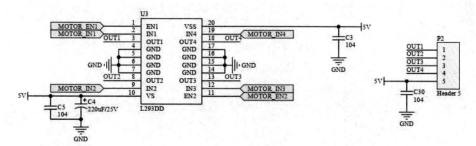

按键部分：

EEPROM 部分：

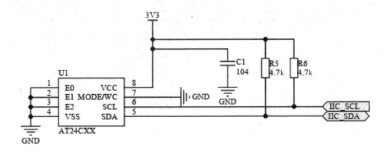

串行 Flash 部分：

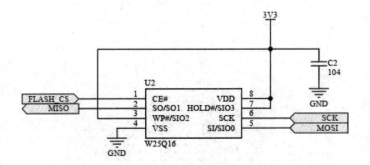

电位器部分（A/D 实验）：

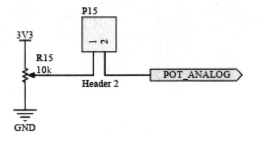

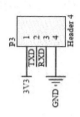

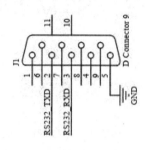

RS-232/RS-485 部分：

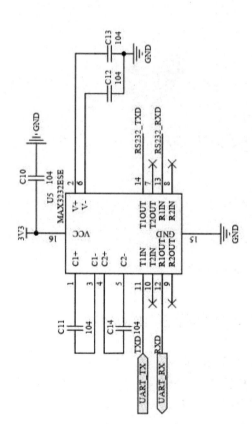

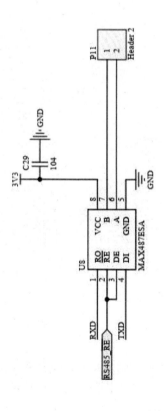

附录 B　STM32CubeMX 基础

附 B.1　STM32CubeMX 简介

　　标准固件库的推出，为 STM32 系列 MCU 的推广立下了汗马功劳，这一方式也被其他公司效仿。在 ST 公司看来，如何与其他公司的产品产生差异化，进一步提高 ST 公司产品的开发效率，成为了公司面对的新挑战。在这样的背景下，STM32CubeMX 应运而生。

　　ST 公司对 STM32CubeMX 的描述为：STM32CubeMX 是一种通过简单配置生成相应初始化代码的图形化工具。附图 1 为 STM32CubeMX 的启动画面。

附图 1　STM32CubeMX 的启动画面

附 B.2　安装 STM32CubeMX

　　STM32CubeMX 是免费软件，可以直接到 ST 官网下载。

　　STM32CubeMX 是使用 Java 开发的桌面应用软件，其运行必须依赖 Java Runtime Environment（JRE），JRE 可以从 Java 官方网站下载。

　　安装完 JRE 后，再安装 STM32CubeMX。

附 B.3　STM32CubeMX 使用实例

实例目标：使用 STM32CubeMX 生成初始化代码，对 PA0 的 LED 灯实现 1Hz 闪烁控制。

步骤 1，打开 STM32CubeMX，主界面如附图 2 所示。

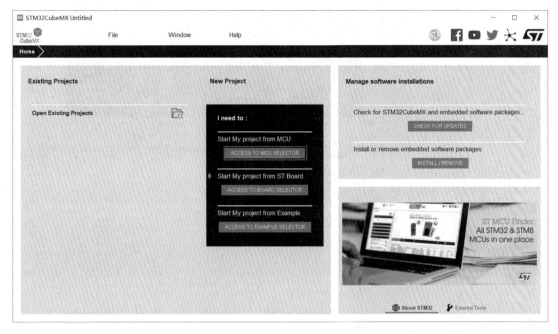

附图 2　STM32CubeMX 主界面

步骤 2，选择器件，新建工程。在附图 2 中单击 "ACCESS TO MCU SELECTOR" 按钮，选择 MCU 型号并新建工程，会出现如附图 3 所示下载选择文件对话框。这一过程不是必要的，也可以直接单击 "Cancel" 按钮，进入如附图 4 所示对话框。

附图 3　下载选择文件对话框

从附图 5 所示左侧位置，选择所使用的 MCU，此处可从下拉菜单中选择对应的 MCU，也可直接将 MCU 型号填入其中。

嵌入式技术应用项目式教程（STM32 版）

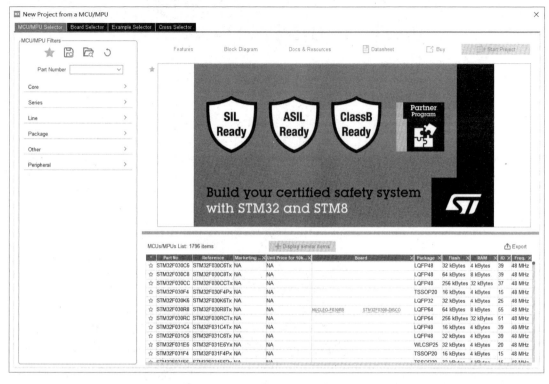

附图 4　从 MCU/MPU 新建工程对话框

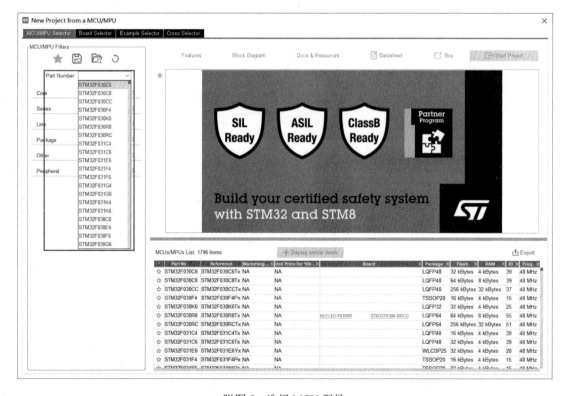

附图 5　选择 MCU 型号

选择 MCU 时，需要注意其具体型号，如开发板上使用的是 STM32F103VET6，"VET6"将限定其内存、Flash、封装、工作温度等。选择完成后，在右方区域双击选择的型号，出现如附图 6 所示对话框。

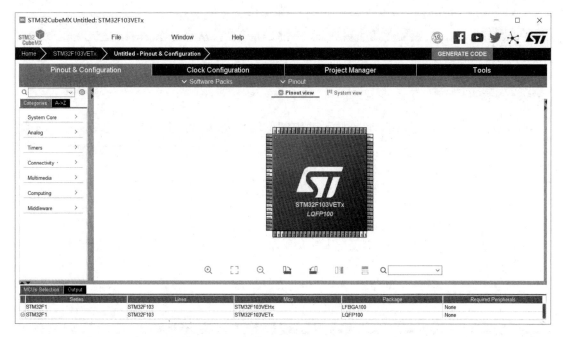

附图 6　配置对话框

附图 6 所示对话框为 STM32CubeMX 最重要的对话框之一，几乎所有配置功能都在该对话框中进行。对话框分为左右两个部分，左侧主要用于选定需要设置的片上资源，右侧则显示所有 GPIO。

步骤 3，片上资源配置。根据要求，需要将 PA0 设置为输出模式，可直接在右侧单击 PA0 引脚，从弹出菜单中选择"GPIO_Output"，如附图 7 所示。

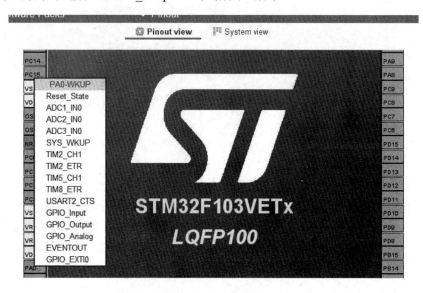

附图 7　设置 GPIO 工作模式

设置完成后，从左侧"System Core"下拉菜单中找到"GPIO"，如附图 8 所示。在"GPIO Mode and Configuration"栏中即可进行更为详细的 GPIO 工作模式设置，如工作速度、输出电平等的设置。

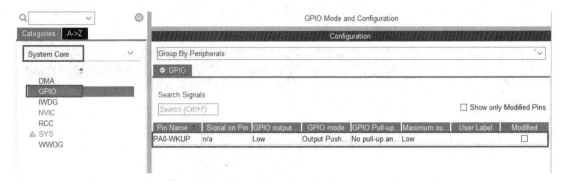

附图 8　设置 GPIO

GPIO 设置完成后，可进行 TIM 定时器的配置。在配置定时器之前，需要明确时钟。在 STM32CubeMX 对话框的上方，可找到"Clock Configuration"选项卡，该选项卡用于进行时钟配置，如附图 9 所示。

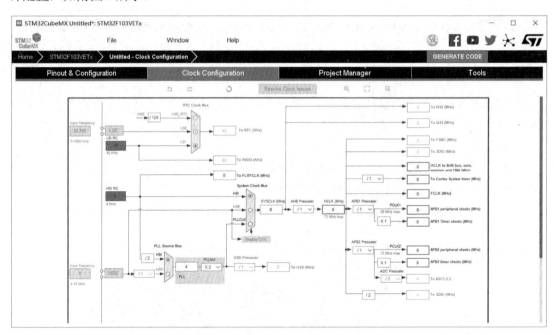

附图 9　配置时钟

从该选项卡可以看出，系统直接选择 8MHz 内部高速振荡器 HSI 作为时钟源，而外部高速时钟源 HSE 为灰色不可选状态，原因是 HSE 连接晶振需要占用 GPIO 资源，而在进行 GPIO 功能配置时，并未规定相关 GPIO 作为 HSE 引脚使用。因此，需要返回"Pinout & Configuration"选项卡，从"System Core"下拉菜单中找到"RCC"，并将 HSE 设置为"Crystal/Ceramic Resonator"，即晶体振荡器，如附图 10 所示。

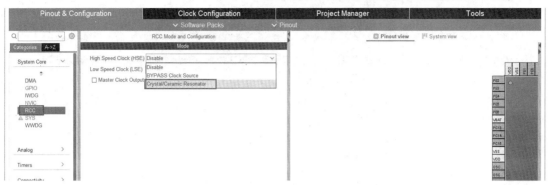

附图 10　启用 HSE

　　完成 HSE 设置后，返回"Clock Configuration"选项卡，此时在时钟选项中，HSE 已为可用状态，可以选择 HSE 为锁相环（PLL）的时钟源，进行倍频设置后，将系统主频提高到 72MHz。按照相应最高频率限制，完成所有时钟配置，如附图 11 所示。此时，APB1 和 APB2 时钟上挂载的定时器的时钟频率均为 72MHz。

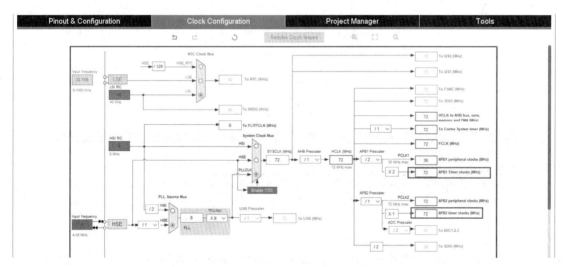

附图 11　配置系统时钟频率

　　返回"Pinout & Configuration"选项卡，在"Timer"下拉菜单中找到"TIM2"，如附图 12 所示。在"TIM2 Mode and Configuration"栏中，设置"Clock Source"（时钟源）为"Internal Clock"（内部时钟）。此时则会出现下方窗口，设置预分频系数（Prescaler）与计数周期（Counter Period），并在"NVIC Settings"中启用 TIM2 中断，如附图 13 所示。

　　至此，实现 1Hz 闪烁 LED 灯的配置基本完成，接下来可设置代码生成选项，如附图 14 所示，设置工程名、工程路径、IDE 版本等，设置完成后单击右上角的"GENERATE CODE"按钮即可。

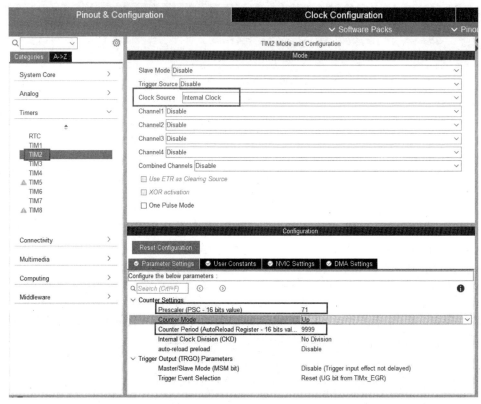

附图 12　配置定时器

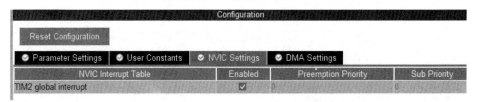

附图 13　启用 TIM2 中断

附图 14　设置代码生成选项

代码生成过程中将出现如附图 15 所示进度条。

附图 15　代码生成进度条

生成完成后，可从弹出的对话框中单击"Open Project"按钮，如附图 16 所示，则会由 Keil5 打开 STM32CubeMX 生成的工程代码，如附图 17 所示。

附图 16　生成完成

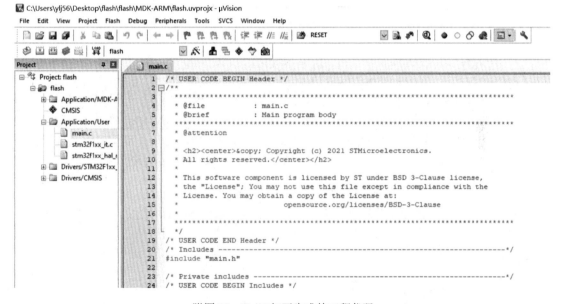

附图 17　Keil5 打开生成的工程代码

该工程可直接编译，相关基础初始化代码已生成，仅需编写少量底层代码，如启动定时器等。

查看生成代码，会发现调用的函数与标准固件库不一致。这是因为 STM32CubeMX 使用的是 HAL 库，标准固件库自 3.5 版本后不再更新，ST 官方致力于推行 HAL 库。由于一些历史原因，标准固件库仍具有极强的生命力，在具备标准固件库基础的前提下，仅需花些时间适应即可使用 HAL 库。

在 main 函数中，添加启动定时器并使能中断函数 HAL_TIM_Base_Start_IT，其参数为"&htim2"。此时，定时器已启动，仅需在中断函数中编写逻辑代码即可。

中断函数位于 stm32f1xx_it.c 源文件中，如附图 18 所示。

```
Project            ⤢ ☒      stm32f1xx_it.c   main.c   stm32f1xx_hal_tim.c
⊟ ᤨ Project: flash        188       /* USER CODE END SysTick_IRQn 0 */
  ⊟ 📁 flash              189       HAL_IncTick();
    ⊞ 📁 Application/MDK-A 190       /* USER CODE BEGIN SysTick_IRQn 1 */
      ◆ CMSIS             191
    ⊟ 📁 Application/User  192       /* USER CODE END SysTick_IRQn 1 */
      ⊞ 📄 main.c         193     }
      ⊞ 📄 stm32f1xx_it.c 194
      ⊞ 📄 stm32f1xx_hal_ 195     /******************************************************
    ⊞ 📁 Drivers/STM32F1xx_ 196     /* STM32F1xx Peripheral Interrupt Handlers
    ⊞ 📁 Drivers/CMSIS    197     /* Add here the Interrupt Handlers for the used peripherals.
                          198     /* For the available peripheral interrupt handler names,
                          199     /* please refer to the startup file (startup_stm32f1xx.s).
                          200     /******************************************************
                          201
                          202   ⊟ /**
                          203       * @brief This function handles TIM2 global interrupt.
                          204       */
                          205     void TIM2_IRQHandler(void)
                          206   ⊟ {
                          207       /* USER CODE BEGIN TIM2_IRQn 0 */
                          208
                          209       /* USER CODE END TIM2_IRQn 0 */
                          210       HAL_TIM_IRQHandler(&htim2);
                          211       /* USER CODE BEGIN TIM2_IRQn 1 */
                          212
                          213       /* USER CODE END TIM2_IRQn 1 */
                          214     }
                          215
                          216     /* USER CODE BEGIN 1 */
                          217
                          218     /* USER CODE END 1 */
```

附图 18　TIM2 中断函数

从图中可以看出，与标准固件库不同，中断函数中调用了 HAL_TIM_IRQHandler 函数，这是因为 STM32CubeMX 生成代码不希望开发者直接操作中断函数，而是调用了一个专门的中断函数，该函数将完成中断源判断、中断标志位复位等操作，进一步降低开发难度。查看该函数定义会发现，对于更新事件，将调用 HAL_TIM_PeriodElapsedCallback 函数，如附图 19 所示。

```
3849   ⊢   }
3850       /* TIM Update event */
3851       if (__HAL_TIM_GET_FLAG(htim, TIM_FLAG_UPDATE) != RESET)
3852   ⊟   {
3853         if (__HAL_TIM_GET_IT_SOURCE(htim, TIM_IT_UPDATE) != RESET)
3854   ⊟     {
3855           __HAL_TIM_CLEAR_IT(htim, TIM_IT_UPDATE);
3856   ⊟ #if (USE_HAL_TIM_REGISTER_CALLBACKS == 1)
3857           htim->PeriodElapsedCallback(htim);
3858     #else
3859           HAL_TIM_PeriodElapsedCallback(htim);
3860   ⊢ #endif /* USE_HAL_TIM_REGISTER_CALLBACKS */
3861   ⊢     }
```

附图 19　中断服务函数解读

HAL_TIM_PeriodElapsedCallback 函数定义为一弱函数（函数定义使用__weak 修饰），表明该函数名可在其他地方重新定义，且在其他地方有定义时，则弱函数无效，从而避免重复定义，如附图 20 所示。

```
5489    */
5490   __weak void HAL_TIM_PeriodElapsedCallback(TIM_HandleTypeDef *htim)
5491  {
5492      /* Prevent unused argument(s) compilation warning */
5493      UNUSED(htim);
5494
5495      /* NOTE : This function should not be modified, when the callback is needed,
5496               the HAL_TIM_PeriodElapsedCallback could be implemented in the user file
5497       */
5498  }
```

附图 20　HAL_TIM_PeriodElapsedCallback 函数定义

在 main.c 中重写 HAL_TIM_PeriodElapsedCallback 函数，并编写代码如附图 21 所示。因为定时时长为 10ms，因此需重复计时 50 次，为 500ms，一个周期则为 1s。

```
213   /* USER CODE BEGIN 4 */
214   void HAL_TIM_PeriodElapsedCallback(TIM_HandleTypeDef *htim)
215  {
216      static uint8_t count=0;
217
218      count ++;
219      if(count >= 50)
220      {
221          count = 0;
222          HAL_GPIO_TogglePin(GPIOA,GPIO_PIN_0);
223      }
224  }
225   /* USER CODE END 4 */
```

附图 21　重写 HAL_TIM_PeriodElapsedCallback 函数代码

至此，所有配置完成，所有代码编写完成，仅需编译、下载进入 MCU 后，即可实现 1Hz
闪烁效果。

华信SPOC官方公众号

欢迎广大院校师生 **免费** 注册应用

www.hxspoc.cn

华信SPOC在线学习平台

专注教学

教学课件
师生实时同步

数百门精品课
数万种教学资源

多种在线工具
轻松翻转课堂

电脑端和手机端（微信）使用

测试、讨论、
投票、弹幕……
互动手段多样

一键引用，快捷开课
自主上传，个性建课

教学数据全记录
专业分析，便捷导出

登录 www.hxspoc.cn 检索 华信SPOC 使用教程 获取更多

华信SPOC宣传片

教学服务QQ群： 1042940196
教学服务电话：010-88254578/010-88254481
教学服务邮箱：hxspoc@phei.com.cn

电子工业出版社·
PUBLISHING HOUSE OF ELECTRONICS INDUSTRY

华信教育研究所